国家重点研发计划政府间国际科技创新合作重点专项"EIR 计划－新型城镇能源互联系统研究及其试点应用"(编号:2018YFE0196500)阶段性成果
教育部人文社会科学重点研究基地重庆工商大学长江上游经济研究中心"长江经济带绿色低碳可持续发展研究团队"研究支持

燃煤电厂碳捕集、利用与封存技术投资决策研究

代春艳　罗雪梅　张维维　王益贤　著

科学出版社

北　京

内 容 简 介

碳捕集、封存与利用（CCUS）技术被认为是减少 CO_2 排放的重要选择而受到广泛关注。然而技术的不确定性、过高的成本和政策的不明朗成为 CCUS 项目发展的拦路虎。在此情况下，企业投资决策需要紧密关注 CCUS 技术、成本变动以及能源补贴的政策出台以抓住获利机遇。基于此，本书梳理了国内外有关 CCUS 技术投资决策的主要影响因素以及能源补贴政策，构建了考虑政策、技术、市场等不确定因素的 CCUS 技术投资评价模型，以正确评价 CCUS 技术投资，以期为我国企业投资 CCUS 技术项目及政府制定 CCUS 技术项目补贴政策提供一定参考、借鉴。

本书适合高校经管类高年级本科生和低年级研究生，以及低碳环保行业科技人员阅读。

图书在版编目(CIP)数据

燃煤电厂碳捕集、利用与封存技术投资决策研究 / 代春艳等著. —北京:科学出版社，2022.2
ISBN 978-7-03-067006-9

Ⅰ. ①燃… Ⅱ. ①代… Ⅲ. ①二氧化碳–收集–投资决策–研究–中国②二氧化碳–废物综合利用–投资决策–研究–中国③二氧化碳–保藏–投资决策–研究–中国 Ⅳ. ①X701.7

中国版本图书馆 CIP 数据核字 (2020) 第 232304 号

责任编辑：叶苏苏 / 责任校对：彭　映
责任印制：罗　科 / 封面设计：墨创文化

科 学 出 版 社 出版
北京东黄城根北街16号
邮政编码：100717
http://www.sciencep.com

成都锦瑞印刷有限责任公司印刷
科学出版社发行　各地新华书店经销
*
2022 年 2 月第 一 版　开本：720×1000 B5
2022 年 2 月第一次印刷　印张：6 1/4
字数：130 000
定价：99.00 元
（如有印装质量问题，我社负责调换）

前　　言

　　近年来，温室气体排放问题导致的极端气候事件和全球变暖趋势成为公众和各国政府关注的焦点。为缓解全球变暖，世界各国展开了一系列的碳减排行动，在不影响能源需求和经济增长的条件下，碳减排是一个好的战略选择，碳捕集、利用与封存(carbon capture, utilization and storage, CCUS)技术应运而生。到2050年，CCUS 技术在减排情境下的减排潜力可达全球碳排放总量的 31%，具有很大的减排潜力。然而，CCUS 技术目前仍处于示范阶段，全球仅建有 38 个大型 CCUS项目，这主要是由于投资成本高、能耗高、长期安全性要求高等原因造成的。CCUS项目投资的突出问题是碳交易价格、技术和政府政策具有很多不确定性。因此，有必要建立包括各种不确定因素在内的适当的 CCUS 技术投资评价模型，以正确评价 CCUS 技术投资，为中国燃煤电厂投资提供决策支持。

　　本书主要介绍了不确定条件下燃煤电厂 CCUS 技术投资决策研究的主要成果，可为企业投资者做决策提供参考。本书的编写团队由重庆工商大学长江上游经济研究中心的研究成员组成，分工如下：代春艳负责统稿和第 1 章、第 6 章，罗雪梅负责第 2 章、第 3 章，张维维负责第 4 章、第 5 章，王益贤负责第 7 章。

　　本书在撰写过程中得到了很多专家的帮助和指点。清华大学的欧训民副研究员、新加坡国立大学的苏斌高级研究员等为本书提出了很好的建议，非常感谢他们的帮助！本书同时借鉴了相关领域学者的研究成果，在此对本书所引用资料的作者表示真诚的感谢。由于编者水平有限，对本书出现的不当之处，敬请读者批评指正！

目　　录

第1章 燃煤电厂CCUS技术投资决策面临的问题

1.1 问题的提出

全球环境问题，特别是温室效应问题越来越严峻，如全球变暖、森林资源锐减等对人类的生产活动造成了极为不良的影响，也成为世界各国政府和公众关注的焦点。

为了有效解决温室效应问题，世界各国都在努力探索有效方法以进行温室气体减排。全世界178个《联合国气候变化框架公约》的缔约方在2015年12月一致同意通过《巴黎协定》，协定同意将21世纪内全球平均气温较前工业化时期上升幅度控制在2℃内，并为控温1.5℃而努力。中国也为人类的发展向全球做出了"中国承诺"，宣布了低碳发展的系列目标，包括2030年左右使CO_2排放量达到峰值并争取尽早实现，2030年单位国内生产总值CO_2排放比2005年下降60%～65%。国务院2013年8月印发的《国务院关于加快发展节能环保产业的意见》（国发〔2013〕30号)和2016年11月印发的《"十三五"控制温室气体排放工作方案》（国发〔2016〕61号)的总体要求都提到了顺应绿色低碳发展国际潮流，加强碳排放和大气污染排放的协同控制。若各国政府在现在的情况下采取减排措施，2050年能实现减排约50%，而这需要先进的技术支持(胡秀莲和苗韧，2014)。2007年6月国务院发布的《中国应对气候变化国家方案》明确提出，要依靠科技进步和科技创新应对气候变化，研发温室气体减排技术、气候变化监测技术和气候变化适应技术等。

截至2016年11月，中国CO_2排放量占全球排放总量的约30%，是全球CO_2排放量最高的国家之一。虽然《京都议定书》要求我国从2012年才开始承担减排义务，但是随着我国经济规模不断扩大，能源需求不断增加，导致CO_2排放速度迅速增长，所以CO_2减排不仅是《京都议定书》2012年开始对发展中国家的要求，也是我国可持续发展的必然选择。但是强制实施碳减排会影响我国能源安全、各种要素价格、经济投资决策等，从而影响经济增长(陈文颖 等，2004)。先进的减排技术是不影响经济增长和能源需求的最好的选择，因此碳捕集、利用与封存(CCUS)技术应运而生。据预测，到2050年，在减排情境下，碳捕集与封存(carbon capture，storage，CCS）的减排潜力可达全球碳排放总量的 31%（胡秀莲和苗韧，2014），其对我国节能减排非常重要，减排情境下不同发电技术对减排量的贡献如图 1.1 所示。

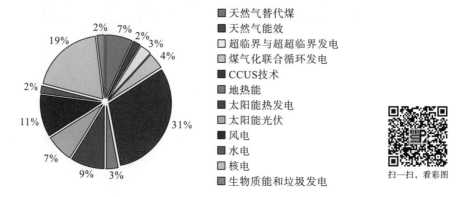

图 1.1　不同发电技术在减排情境下的减排贡献量

　　尽管如此，CCUS 技术要广泛应用于电厂、钢铁厂还包含多种不确定因素，如 CCUS 技术水平、项目投资成本、燃料价格、碳排放价格以及政策法规等（陈涛 等，2012）。又因为燃煤电厂 CCUS 技术投资具有成本不可逆、投资回报不确定性、时机可选择性、技术不确定性和风险大等复杂特性，传统投资决策方法因为缺少管理柔性而面临着挑战，对于传统投资评价理论的不足，可以由实物期权法（real options approach，ROA）来弥补。实物期权法的特点是投资项全部不可逆或者是部分不可逆和管理弹性等，它不仅没有规避投资项目的风险，而且将项目的不确定性考虑为可以带来收益的因素。燃煤电厂 CCUS 技术投资本身的投资特性正好和实物期权法特点相契合，能将项目的不确定性和其他影响因素纳入决策模型，支持投资者做出合理的投资决策。对于 CCUS 技术这类由潜在风险带来的投资收益的项目，传统的投资评价方法与实物期权法相比，存在没有考虑管理柔性的缺陷，故本书将实物期权法引入到燃煤电厂 CCUS 技术投资项目评价中，建立一个将不确定因素纳入并且科学合理的评估模型，以评估投资项目的收益和CCUS 技术投资项目的期权价值。

　　本书在国内外学者研究的基础和成果之上，通过传统投资决策方法和不确定条件下投资决策理论方法的对比，结合在不确定条件下燃煤电厂 CCUS 技术投资项目的复杂特性，对燃煤电厂投资 CCUS 技术投资的评价方法做出有益的探索，并计算出不确定条件下 CCUS 技术项目的投资价值。本书主要贡献如下。

　　（1）给出不确定条件下燃煤电厂 CCUS 技术投资决策的模型框架，供企业投资者参考。由 CCUS 技术的发展现状和需求识别出 CO_2 资源化利用的可能性，对燃煤电厂 CCUS 技术投资项目具有的特点进行分析，并根据项目投资特性选择适合的投资决策方法。

(2) 本书给出案例，为企业投资者在投资时使用实物期权法提供参考。选择燃煤发电行业最有发展潜力的超临界燃煤电厂作为案例的基准电站，通过对模型的仿真分析得出结果。又因为实物期权法在实际应用中计算比较复杂、困难，本书案例中的计算步骤和方法能给使用实物期权法的投资者提供一定的参考。

(3) 为达到国际、我国碳减排目标及 CCUS 技术在燃煤发电行业的发展目标，本书根据分析结果提出适当的政策建议。世界各国为将 21 世纪内全球平均气温较前工业化时期上升幅度控制在 2℃内及控温 1.5℃而努力，中国也提出在 2030 年碳减排达到比 2005 年下降 60%～65%的目标，在这样的国际和国家大目标的指引下，本书根据实证案例的敏感性分析结果提出 CCUS 技术在中国燃煤发电行业发展的政策建议。

1.2　研 究 意 义

CCUS 技术在燃煤发电行业具有很大的减排潜力，因此研究在不确定条件下燃煤电厂何时投资、如何投资 CCUS 技术有着重要的理论意义和实践意义。

(1) 研究的理论意义。在电力投资领域，有很多学者都用实物期权法进行投资决策研究，但是用实物期权法研究燃煤电厂 CCUS 技术投资项目的文献还比较少。燃煤电厂投资者在做出投资决策时应充分考虑投资项目的特点和面临的不确定性，选择与项目特点适合的投资决策方法进行评估，并建立科学有效的评估模型。本书把实物期权法和期权定价模型应用到燃煤电厂 CCUS 技术投资项目评价中，并考虑了 CCUS 技术的不确定性，建立燃煤电厂 CCUS 技术项目投资决策模型，为企业投资 CCUS 技术项目提供理论支持，并丰富目前实物期权法在燃煤发电行业投资 CCUS 技术应用的理论大纲。

(2) 研究的现实意义。我国大部分 CO_2 排放来源于燃煤发电厂，煤炭在我国一次能源中所占的比例高达 60%，而将近 50%的煤炭用于发电(国际能源署，2008)。全球碳减排路径的压力越来越大，在这种情况下，既要保障我国的电力供应，又要减少温室气体排放，又因到 2050 年，CCUS 技术有减少 CO_2 排放量占全球排放总量 33%的潜力(胡秀莲和苗韧，2014)，普及 CCUS 技术就显得极为迫切。本书将实物期权法引入燃煤电厂 CCUS 技术投资项目的评价中，可为判断我国燃煤电厂 CCUS 技术项目的投资方向提供参考。

1.3 主 要 内 容

本书围绕五个方面的内容展开。

(1)CCUS 技术发展现状及投资决策理论。主要介绍了 CCUS 技术及发展现状；介绍 CCUS 投资决策用到的理论方法，包括净现值投资决策理论、实物期权理论、不确定性理论。

(2)燃煤电厂 CCUS 技术投资决策分析。论述了燃煤电厂行业发展现状和 CCUS 技术的发展现状，对比了传统投资决策的基本理论方法及模型和不确定条件下的投资决策方法及模型，得出了不确定条件下的投资决策方法及模型的优越性；最后分析了燃煤电厂 CCUS 技术投资性质，根据投资性质选择适合燃煤电厂 CCUS 技术投资的决策理论方法。

(3)不确定条件下燃煤电厂 CCUS 技术投资决策模型构建。具体分析基于不确定条件下燃煤电厂 CCUS 技术投资决策过程与模型，首先就影响 CCUS 技术投资收益的不确定性因素进行分析；之后在此基础上给出计算投资项目净现值的过程和具体公式；然后构建燃煤电厂 CCUS 技术投资的定价模型；最后给出 CCUS 技术项目的投资决策规则，并利用案例进行分析和讨论。

(4)激励政策对 CCUS 技术投资的影响评估。探讨了目前政策下 CCUS 技术投资问题，首先基于二叉树实物期权法建立了决策模型；随后通过案例分析，探讨了碳交易价格与碳上限政策对投资决策的影响，根据影响因素做敏感性分析，并根据研究结果和敏感性分析结果就影响燃煤电厂 CCUS 技术投资的重要因素给出相应的政策建议。

(5)探讨了不同技术进步情景下的 CCUS 技术投资价值分析。通过设置不同的技术进步情景，分析了 CCUS 技术投资决策问题，并结合案例，具体分析了不同情景下的决策。

1.4 研究方法及技术路线

本书的研究方法主要包括五种。

(1)文献研究法。通过查阅国内外与 CCUS 技术发展和现状相关的报告、专著、论文等研究成果，掌握 CCUS 技术的发展、应用和研究等各方面的情况。

(2)实地调研法。在已经安装 CCUS 技术捕集设备的大型燃煤电厂和项目示范点进行实地考察，深入了解碳捕集、利用和封存各个运行环节的收益和成本组成以及每个环节需要考虑的问题。

（3）专家访谈法。向相关领域专家请教投资决策模型、各影响因素的数据处理办法以及各参数的估值是否合理。

（4）决策技术法。研究的最终目的是为燃煤电厂 CCUS 技术的投资决策者做出正确的决策提供切实可行的指导，并提出发展 CCUS 技术的相关建议。因此，本书的研究成果，如指导方案、决策系统等，都将从兼顾企业经济效益、环境效益、社会效益等和决策者做出正确的抉择角度考虑问题，为其提出决策思路。

（5）案例分析法。不确定条件下燃煤电厂 CCUS 技术投资决策模型建立之后，需要做实证分析，验证模型是否可行。选取合适的基准电站模拟 CCUS 技术的投资项目，利用投资项目进行案例分析。

第2章 CCUS 技术发展现状及投资决策理论

2.1 CCUS 技术简介及发展现状

2.1.1 CCUS 技术简介

碳捕集、利用与封存(CCUS)技术是指通过碳捕集技术将电厂等其他排放源中的 CO_2 分离、收集、压缩,将其输送到封存地或者投入新的生产过程以循环再利用,以减少 CO_2 排放到大气中的量,达到防止气候变暖的目的(IPCC,2005)。CCUS 技术发展潜力巨大,该技术将捕集到的 CO_2 提纯,再进行利用或者封存,作为其他行业的资源,能产生经济效益,增加收益。在第三届中国(太原)国际能源产业博览会上,清华大学教授倪维斗也提出了我国应该尽快启动 CCUS 技术的研发和应用。

CCUS 技术之前被称为碳捕集与封存(CCS)技术,在发展 CCS 技术过程中,我国学者认为在进行碳捕集、运输和封存的基础上,还应该重视 CO_2 的资源化利用,以弥补投资 CCS 技术的成本,并可以带动中国就业机会和产业发展,为 CCUS 技术广泛的应用打下坚实的基础。2011 年新修订的《碳收集领导人论坛宪章》中增加了 CO_2 资源化利用的内容,在 CCS 技术中增加了"利用(utilization)"环节,称为 CCUS。

CO_2 捕集技术可以分为三类:燃烧前捕集、燃烧后捕集和富氧燃烧捕集,前两个技术较为成熟,各行业使用较多,最后一个捕集技术目前不确定性较大,也正在示范性阶段。燃烧前脱碳技术(燃烧前捕集)是在燃煤燃烧前先将煤炭进行气化,形成煤气,煤气再分为 CO_2 和 H_2,将燃料化学能转移到 H_2 中,然后再对 CO_2 和 H_2 进行分离(周响球,2008)。纯氧燃烧技术(富氧燃烧捕集)是将纯氧和煤炭一同放入专门的纯氧燃烧炉进行燃烧,产生的烟气再次回到燃烧炉,从而进行 CO_2 捕集的一种方法(Miracca et al.,2005;牛红伟 等,2014)。燃烧后脱碳技术(燃烧后捕集)是对煤炭在锅炉中燃烧后产生的烟气进行脱硝、除尘和脱硫等措施后捕集 CO_2 的一种方法。现在的大部分燃煤电厂都是直接燃烧煤,在对现有电厂进行改造的基础上,燃烧后脱碳技术可广泛使用。燃烧后脱碳技术可以分为物理吸收法、化学溶剂吸收法、膜分离法、低温分离法、吸附法等(Miracca et al.,2005),其中最常用的是化学溶剂吸收法(Damen et al.,2006)。本书中的碳捕集技术采用的是第三种方法——燃烧后脱碳技术，三种 CO_2 捕集技术比较如表 2.1 所示。

表 2.1 三种 CO_2 捕集技术比较

捕集技术	适用电厂类型	技术特点	成本/(美元/t)	国内发展阶段
燃烧前脱碳	IGCC 电厂	要求较高，目前只适用于新建的 IGCC 电厂或者 NGCC 电厂，CO_2 纯度较高，容易捕集，但投资成本高	13～37	研发
纯氧燃烧	燃煤电厂	CO_2 浓度较高，无 CO_2 分离能耗，但生成 O_2 成本较高，且 CO_2 压力较小，捕集步骤多	21～50	研发
燃烧后脱碳	燃煤电厂	适合对已建成燃煤电厂的改造，捕集过程简单，但 CO_2 浓度较低，捕集能耗较高，发电损失较大	29～51	研发和小规模示范

  CO_2 运输环节是指将 CO_2 捕集和压缩后用各种可行的运输方式将其运输至封存地或者利用地的过程，没有运输环节的情况是指碳捕集地离 CO_2 利用地或者是封存地比较近。但是在现实情况下，CO_2 捕集地距离封存地或者利用地都比较远，此时需要根据捕集地、封存地及利用地之间的地形、距离选择适合的运输方式。CO_2 输送方式主要有罐车输送、轮船输送和管道输送三种(陈霖，2016)。由于中国油田的分布特点，常用的运输方式有管道运输、公路罐车运输和铁路罐车运输(牛红伟 等，2014)(表 2.2)。

表 2.2 国内常用 CO_2 运输方式比较

运输方式	适合条件	优势	劣势	技术成熟度
管道	适合大容量、长距离，负荷稳定定向输送	可靠性高，运输稳定	投资较大、成本高	技术成熟
公路罐车	适合短距离、少量、不连续性运输	运输方式较为便捷，规模小，成本低	距离短、运输量少	技术成熟
铁路罐车	适合大容量、长距离运输	可靠性高，运输量大	受铁路专用线建设的限制，相应配套设施投资成本高	技术成熟

  (1)管道运输。管道运输被认为是目前几种运输方式中大容量、长距离输送最经济的运输方式，但其投资成本和运行成本大，为降低成本且避免二相流，CO_2 管道运输对防腐保温的要求比较高，故要对 CO_2 进行脱水(吴倩，2014)。管道的运输成本大致是每 250km1～8 美元/t (IPCC，2005)。

  (2)公路罐车运输和铁路罐车运输。罐车运输主要通过公路和铁路运输，两者在运输规模和距离上有所差别，但两者技术原理是一样的，运输时都是将 CO_2 压缩至低温绝热的液罐中，并以液态的状态运输，压缩的 CO_2 有一定温度和压力的要求(牛红伟 等,2014)。公路罐车运输方式较为便捷,适合规模小、短距离运输,大规模使用成本较高。铁路罐车运输方式可靠性高,适合较长距离、较大容量的CO_2运输。两种运输方式的适合条件、优势、劣势和技术成熟度如表2.2所示。

　　CO_2的利用环节主要包括ECBM(enhanced coal bed methane recovery,提高煤气层采收率)、EOR(enhanced oil recovery,提高石油采收率)、CO_2生物转化和化工合成(国际能源署,2008)、微藻制油技术、饮料添加剂和CO_2合成尿素等。CCUS技术在CO_2利用比例提高之后具有很大的发展前景:①CO_2的工业化利用,包括制备甲醇、可降解塑料等;②利用CO_2通过藻类作用制备燃油(王玉瑛和侯立波,2016),微藻制油技术是用捕集的微藻养殖含油微藻,提取微藻油脂,生产生物柴油(毕新忠和沈海滨,2011),研究成果在2010年上海世界博览会上进行了示范;③二氧化碳EOR技术,二氧化碳EOR技术是将捕集到的CO_2经过提纯、液化后注入有原油但是又难以提取原油的地下,CO_2的注入使得地下气压增高,从而将原油渗透出来,可以提高10%~20%的采收率,但是有将近一半的CO_2都将被封存在地下(毕新忠和沈海滨,2011)。虽然CO_2资源化利用技术目前还没有大规模使用,但已取得了不少研究成果。因此,现阶段在CO_2资源化技术领域遇到了一个可以发展的机会。

　　封存是指将捕集起来的CO_2注入具有适当封闭条件的地层中储存起来,封存方式可分为地质封存、海洋封存、化学封存以及森林和陆地生态系统封存,其中地质封存一般选择海底盐沼池、油气层和煤井,海洋封存是直接释放到海洋水体中或海底,化学封存是将CO_2固化成无机碳酸盐(于强,2010;张华静和李丁,2014)。CO_2封存主要方法对比如表2.3所示。

表2.3　CO_2封存主要方法对比

封存方法	类型	优点	缺点
地质封存	石油-天然气储层、不可开采的煤层、深盐沼池和深咸水含水层	存储量大,其中二氧化碳EOR技术获得的收益用以补偿部分CCUS技术投资成本	泄漏风险大,且输送成本高
海洋封存	—	处理CO_2的潜力大	因为存在 CO_2 溢出问题,难以预测CO_2封存后对海洋生态系统的影响
化学封存	—	可永久封存	CO_2与矿物质的反应缓慢,能耗较大,成本高
森林和陆地生态系统封存	—	前景广阔,封存CO_2潜力大	固碳周期长,短期内效果不明显

2.1.2　CCUS 技术发展现状

CCUS 技术目前仍处于示范研究阶段，全球 CCUS 技术商业化项目个数有所增加。中国科技部同欧盟委员会在 2005 年 12 月签署的关于 CCUS 技术的谅解备忘录[①]标志着碳捕集、封存技术研究计划的正式开始。之后，国家支持 CCUS 技术的相关政策文件陆续出台，如《国家中长期科学和技术发展规划纲要(2006—2020 年)》《中国应对气候变化国家方案》《中国碳捕集、利用与封存技术发展路线图(2019 版)》《国家发展改革委关于推动碳捕集、利用和封存试验示范的通知》等 17 个政策文件。政策文件分别从以下几个方面支持和发展 CCUS 技术：①将 CCUS 技术列为最前沿技术之一；②在火电、煤化工、水泥和钢铁等行业中开展碳捕集试验项目，建设 CCUS 技术一体化示范工程和基地；③探索有助于 CCUS 技术发展的激励机制和有关税收扶持政策，制定相关标准规范；④加强项目管理和人才培养等方面的能力建设；⑤加大 CO_2 捕集、利用和封存技术研发力度，积极探索 CO_2 资源化利用的途径、技术和方法。

在 CCUS 技术研发与示范投融资方面，中国政府投入力度不断加大。中国目前发展 CCUS 技术的投融资模式主要有企业自有资金、863 计划、973 计划、国家科技支撑计划、中欧煤炭利用近零排放(NZEC)合作项目、中欧碳捕集与封存合作项目(COACH)和中澳二氧化碳地质封存合作项目(CAGS)，其中企业自有资金、863 计划、973 计划和国家科技支撑计划资金都用于技术研发和项目示范，COACH 和 CAGS 项目的资金用于国际合作，NZEC 项目分三个阶段开展，最终在中国建设和运行 CCS 示范工程。我国主要大型 CCUS 技术科研项目如表 2.4 所示。

表 2.4　我国主要大型 CCUS 技术科研项目列表

项目名称	资金来源	资金金额	配套要求	依托单位
基于 IGCC* 的 CO_2 捕集、利用与封存技术研究与示范	863 计划	5000 万元	自筹经费不少于 5000 万元	—
CO_2 的吸收法捕集技术	863 计划	700 万元	自筹经费不少于 350 万元	—
CO_2 的吸附法捕集技术	863 计划	600 万元	自筹经费不少于 300 万元	—
CO_2 的封存技术	863 计划	700 万元	自筹经费不少于 350 万元	—
CO_2 减排、储存和资源化利用的基础研究	973 计划	—	—	中国石油天然气集团有限公司(简称中石油)、教育部、中国科学院
温室气体提高石油采收率的资源化利用及地下埋存	973 计划	—	—	中石油、教育部

① 中欧煤炭利用近零排放（NZEC）合作项目第一阶段总结会在北京召开，http://www.most.gov.cn/kjbgz/200911/t20091113_74189.html.

项目名称	资金来源	资金金额	配套要求	依托单位
35MWth富氧燃烧碳捕获关键技术、装备研发及工程示范	国家科技支撑计划	—	—	华中科技大学、中国东方电气集团有限公司、四川空分设备(集团)有限责任公司

注：*. IGCC 为整体煤气化联合循环发电系统(integrated gasification combined cycle)。

在 CCUS 技术投资数量和投资资金方面，中国和印度在 2020 年和 2050 年 CCUS 技术投资项目总量之和分别为 21 个和 950 个，2010～2020 年和 2010～2050 年项目投资资金分别为 190 亿美元和 11700 亿美元，全球 CCUS 技术项目数量和所需投资分布如表 2.5 所示。

表 2.5　全球 CCUS 技术项目数量和所需投资分布

投资国家和地区	2020 年项目数量/个	2050 年项目数量/个	2010～2020 年项目投资/亿美元	2010～2050 年项目投资/亿美元
全球	100	3400	1300	50700
OECD 国家	50	1190	916	21350
非 OECD 国家	29	1260	198	17650
中国和印度	21	950	190	11700

注：OECD 为经济合作与发展组织(Organization for Economic Cooperation and Development)。

国内外学者对 CCUS 技术的研究主要集中在四个方面。

(1)CCUS 技术。CCUS 技术是一个庞大的技术群，它包括许多组成环节的技术。国外学者的研究主要包括技术改进(Zanganeh and Shafeen，2007)、捕获气体性质(Li and Yan，2009)、运输管道设计(Seevam et al.，2008)、CO_2 的地下封存等，我国学者对 CCUS 技术的研究倾向于 CO_2 管道输送技术(赵青和李玉星，2013；陈霖，2016)、管网布局(孙亮 等，2013；Sun and Chen，2015)、CO_2 的资源化利用(苏豪 等，2015)、CCUS 发展的融资体系(张华静和李丁，2014)以及我国公众对 CCUS 的认知(Li et al.，2014)。

(2)CCUS 技术的碳减排效果。外国学者大多采用模型模拟和系统仿真等方法分析 CCUS 技术的碳减排效果。Koen 和 Van Der Zwaan(2006)在分析 CCUS 技术在长期能源的情形下对欧洲减排的影响时，用了自下而上(bottom-up)的能源技术模型分析法，研究结果显示，需要有严格的碳减排政策约束才能使 CCUS 技术得到大规模的推广和商业化。Garg 和 Shukla(2009)用响应技术仿真分析了 CCS 技术对印度能源安全性和 CO_2 减排的压力。结果证明，CCS 技术的使用能够减缓印度的减排压力，并且能使经济发展和能源安全协调进行，但是在印度当时的情况下不适合投资 CCUS 技术,需要政府提前做好 CCUS 技术相应的配套基础设备。陈俊武等(2015)认为, 只有考虑在 2030 年开始实施大规模的 CCUS 技术, 才能够使 2050 年 CO_2 净排放量大幅度下降至 $80 \times 10^8 \sim 90 \times 10^8 t$, 并且如果将 CO_2 进行 EOR 和深层地下水封存, 2050 年利用与封存 CO_2 量将达 $18 \times 10^8 t$。汤勇等(2015)为了揭示气藏中 CO_2 埋存与提高气藏采收率之间的关系, 开展了 8MPa、80℃条件下 CO_2 驱替 CH_4 的长岩心实验, 实验结果表明, 气藏中注 CO_2 提高气藏采收率及实施 CO_2 埋存潜力很大。中国科学院武汉岩土力学研究所基于 2007 年的排放源分布, 仅考虑实施 EOR、ECBM、枯竭气田和咸水层封存, 分析结果表明: ①当 CO_2 减排成本小于 60 美元/t 时, 投资 CCUS 技术每年可减排 CO_2 20 亿 t 左右; ②当煤化工高浓度气源或者燃煤电厂碳捕集与 EOR 结合时, 每年有约 2 亿 t 的减排收益。

(3)普及 CCUS 技术所面临的障碍。Johnson(2002)分析了美国碳交易价格、能源价格、电力行业分布等多种因素对 CCUS 技术效果的影响和成本, 结果显示, 只有碳交易价格在 100 美元/t 以上时, CCUS 技术才能在电力行业推广应用。Koen 和 Van Der Zwaan(2006)研究认为 CCUS 技术在设备安装、运营维修和运营时能源消耗会增加一系列的成本, 只有当 CCUS 技术成本为 25~30 美元/tCO_2 时, CCUS 技术才可能被推广应用。韩文科等(2009)认为, 阻碍 CCS 技术发展最主要的因素是高昂的成本, 燃煤电厂 CCS 设备的使用会增加电厂 40%~80%的成本。在 IGCC 电厂加装 CCS 技术设备会增加 40%~60%的成本, 而在常规超临界燃煤电厂加装 CCS 技术设备会使发电成本增加 60%~80%。按照当时的项目数据和方法计算, 在 CCS 技术项目实现商业化时, 成本将达到 70 美元/tCO_2, 大多数企业难以接受如此高的投资成本。根据全球 CCS 技术示范项目数据分析可得, CCS 技术整个工艺流程不仅需要耗费 60~100 欧元/tCO_2, 而且还要增加 10%~40%的能源消耗量(于强, 2010; Zanganeh and Shafeen, 2007)。孙亮等(2013)认为, 在不考虑收益的单位成本中, 若从捕集成本较高的水泥、钢铁、火电厂等实施捕集, 其中捕集成本将会占 CCUS 技术项目总成本(不考虑收益)的 86%左右。张华静和李丁(2014)为了解决 CCUS 技术研发和示范阶段高成本和融资困难等问题, 分析了 CCUS 技术产业链资金流、资金需求和融资特点, 提出了六大方面的融资政策体系。只要燃煤电厂投资 CCUS 技术, 无论是采用燃烧前捕集技术, 还是燃烧后捕集技术, 燃煤电厂发电成本都会增加(张建, 2014)。中国科学院工程热物理研究所在华能集团上海石洞口捕集示范项目的成本研究中发现, 发电成本从大约 0.26 元/(kW·h)提高到了 0.5 元/(kW·h), 成本高了近一倍。故想要实现 CCUS 技术的推广和商业化, 会面临着很大的成本压力。

(4)CCUS 技术 CO_2 资源型利用。苏豪等(2015)认为, 利用 CCUS 技术能够帮助油气田增大开采的油气量、煤层注入 CO_2 可以替换出甲烷, 提高采煤量、页岩

气层注入 CO_2 提高页岩气采集量。但是二氧化碳 EOR 还有很多问题和障碍，大大地阻碍了其利用潜力，主要障碍有 CO_2 捕集成本高、油藏单井注入能力低、采出油气中 CO_2 分离成本高等问题。采出油气中高 CO_2 含量可能导致油管、套管腐蚀等问题，以及 CO_2 在油藏中的窜流和有机固相沉积和井筒完整性引起的泄漏风险(Koen and Van Der Zwaan，2006)。

2.1.3　CCUS 技术投资决策的主要影响因素

现阶段对 CCUS 技术的研究围绕技术进展方面的较多，包括 CCUS 技术中碳捕集技术改进(苏豪 等，2015)、CO_2 管道运输(Li et al.，2014)、CO_2 的各行业利用(Koen and Van Der Zwaan，2006)、CO_2 储存路线及对象(陈俊武 等，2015)等。最近的研究开始关注 CCUS 技术投资决策，有不少学者讨论了 CCUS 技术投资的各种主要影响因素。

由于碳价的长期波动和投资成本的不断变动，国内外学者通常会考虑到碳价(Johnson，2002；Koen and Van Der Zwaan，2006；韩文科 等，2009；张建，2014；汤勇 等，2015)和投资成本(汤勇 等，2015；Koen and Van Der Zwaan，2006)两种不确定因素——建模分析投资的期权价值和风险，除此之外，还有燃料价格(汤勇等，2015；Johnson，2002；张建，2014)、政府补贴(汤勇 等，2015；Dixit and Pindyck，1994)、发电成本(Johnson，2002；Koen and Van Der Zwaan，2006)、运维成本、CCS投资补贴情景、燃煤电厂与 CO_2 存储企业之间的 CO_2 存储补贴分配比例(Abadie and Chamorro，2008)、电价(张建，2014；Dixit and Pindyck，1994)、碳税和碳排放权交易(Dixit and Pindyck，1994)、发电量不确定(韩文科 等，2009)、激励机制、技术水平(Zhang et al.，2014)、商业模式等多重不确定因素的影响。其中，投资成本、政府补贴和碳交易价格是大家考虑较多的因素。但从支出来看，成本是企业投资的决定性因素；从收入来看，可行的商业模式是盈利的前提，政府支持是高风险的分担。

居高不下的技术成本成为 CCUS 技术部署的最大阻碍，然而许多研究预测，随着学习效果的提高，未来碳捕集的成本将大大降低(常凯 等，2012)，并已被工程实践证实(陈文颖 等，2004)。现阶段已经有学者对 CCUS 技术改造成本优化进行了研究。国内外学者既基于 CCUS 技术各环节开展成本优化研究，也从供应链角度进行成本考量：Hasan 等(2015)设计了一个美国 CCUS 技术供应链，以最小的成本减少固定的 CO_2 排放量；Abadie 和 Chamorro(2008)从避免技术锁定的角度出发，采用学习曲线和成本优化模型探索 CCS 技术商业化总成本以及 CCUS 技术改造潜力；Cristóbal 等(2013)提出了一种混合整数线性规划(mixed-integer linear programming，MILP）模型来开发 CCUS 技术供应链上层建筑以优化东北地区的 CCUS 战略部署，通过优化可以看出总年化净成本从 16.2 亿美元减少到 15.3 亿美元，运输成本从 0.27 亿美元减少到 0.19 亿美元；Sun 和 Chen（2015）结合中国特殊的地质特征和当前国情，提出了一种新的 CO_2 封存能力评估方法，并为 CCUS 技术链上的关键技术突破和降低成本提供指导。

除关注如何降低投资成本外，企业更关注如何盈利，成熟的商业模式是产出的必要条件，然而由于缺乏相关的工程实践和商业活动，目前还没有用于大规模部署 CCUS 技术广泛可行的业务模型。基于 CCUS 技术项目中的不同涉众及其不同程度的业务模型集成，Yao 等（2018）介绍了四种商业模式并利用蒙特卡罗模拟方法得到了各利益相关者的收益分布。

正是由于 CCUS 技术项目不仅具有高成本、高风险而且尚无商业模式等特征，没有成熟的盈利渠道，政府补贴支持就显得尤为重要。基于各个国家的不同国情和偏好，清洁能源补贴方式和力度不一，从控制手段可划分为政策手段和市场手段。

投资补贴和清洁电价补贴是各国比较常用且被各学者考虑得较多的政策手段，储能补贴也被认为是对 CCUS 技术部署具有相当激励作用的措施。Zhu 和 Fan（2011）讨论了澳大利亚减排基金（Emission Reduction Fund，ERF）对碳信用额度的不同补贴价格对燃煤电厂投资价值和大规模部署的影响。而我国目前还没有明确对 CCUS 技术的补贴政策出台，现有研究大都是基于国内外现有的补贴政策进行研究的。Zhu 和 Fan（2011）基于美国的税收法典 45Q（section 45Q of the USA Internal Revenue Code）考虑了中国燃煤电厂投资面临的投资补贴、电价补贴和储能补贴比例对改造投资的评价。Chen 等（2016）考虑到碳市场和补贴政策的协同作用，分析了电价补贴对中国燃煤电厂 CCS 技术改造投资和碳减排的影响。张新华等（2016）考察了政府投资补贴、税收减免等对发电商 CCS 技术期望投资时机的影响，结论表明虽然税收减免可激励发电商进行 CCS 技术投资，但直接补贴且正常征税可节约政府补贴资金。朱磊和范英（2014）建立论述燃煤电厂投资 CCS 技术改造的期权价值和投资风险，认为在总预算补贴额度较小时，研发投入补贴效果要优于发电补贴。郭健等（2018）将清洁电价政策变量纳入激励政策和 CCS 技术投资临界值的数学模型，分析了政策因素对投资临界碳价的影响，发现提高碳税税率，投资临界值随之降低；政府投资补贴增加，投资 CCS 技术的期权价值也随之增大；提高清洁电价，由于发电量基数大，投资临界值明显降低。

碳交易价格是公认的对 CCUS 技术项目投资决策起重要作用的影响因素，因而多国建立了碳交易市场，希望通过市场手段对企业碳减排量进行控制并强化企业收益，起到激励作用。按照交易对象的划分，现今国际碳市场可分为项目交易市场和配额交易市场，其中项目交易市场交易减排技术以减少温室气体排放进而获得减排证书，如清洁发展机制(clean development mechanism，CDM)产生的核证减排量(certified emission reduction，CER)；配额交易市场交易对象为政策制定者初始分配的减排额度，如欧盟排放权交易体系使用的欧盟配额 EUA(EU allowance)。研究中，大多数学者认为碳交易价格是影响 CCUS 技术投资经济评价最相关的不确定性因素之一(Johnson，2002)，大多假设碳交易价格服从几何布朗运动，而后将其纳入实物期权模型对 CCUS 技术或 CCS 技术投资价值或投资风险进行评估(汤勇 等，2015)。

随着技术的成熟，CCUS 技术项目成本下降趋势受到广泛讨论，国外文献分别从单环节和供应链视角探讨成本优化和技术进步，而国内关于成本的研究显得相对琐碎，更多基于单环节或单对象的考量，不利于未来项目的大规模部署。在政府补贴方面，国内外学者根据现有不同清洁能源补贴政策探究政府补贴对投资决策的影响，主要考虑不同补贴种类、补贴力度，未来可以从补贴方式和补贴时长方面开展研究。市场手段碳交易价格对投资价值的影响主要考虑碳税机制或核准减排量下的成本节约效应(Johnson，2002)，而自 2017 年碳排放交易机制的成功构建以来，未来碳交易价格将直接影响收益现金流。

由于 CCUS 技术面临的不确定性，学者们在研究时引入实物期权法，研究效果不错。根据 Dixit 和 Pindyck(1994)的分类，再总结现有文献，可以发现评价 CCUS 技术投资的方法主要有两大类：无套利方法和动态规划方法。

(1)无套利方法。Abadie 和 Chamorro(2008)等构建了碳排放约束条件下的超临界燃煤电厂投资 CCS 技术的四叉树模型，以计算项目的期权价值，并得出了燃煤电厂投资 CCS 技术的碳排放权价格临界值和策略，最后对碳价格波动率、政府补贴、投资成本等因素进行了敏感性分析，研究得出，燃煤电厂在欧洲目前的碳交易价格下不适合投资 CCS 技术。Zhang 等(2014)建立了三叉树实物期权模型来估计燃煤电厂投资 CCS 技术的投资价值，得出了不同补贴比例和电厂寿命情况下的碳交易临界价格，并给出了最佳投资时机。常凯等(2012)假定煤炭价格、碳排放权价格等服从随机过程，将燃煤电厂投资 CCS 技术项目分为示范阶段和商业化阶段，并建立两阶段复合实物期权框架，用 B-S 模型来评估 CCS 技术投资的决策科学性。

(2)动态规划方法。Cristóbal 等(2013)用两阶段随机混合整数线性规划法评估碳交易价格和技术进步率不确定性的 CCS 技术投资项目价值，目标函数包括预期利润方程和财务风险方程。陈涛等(2012)在多重不确定条件下，构建电厂投资和 CCS 技术投资两阶段的投资决策模型，并用更新期权方法估计 CCS 技术投资价值。

研究结果表明，更新期权增加了企业价值，降低了发电投资的阈值。

CCS 技术投资项目面临着诸多的不确定性。Blyth 等（2007）用实物期权法估计了在气候政策不确定性条件下燃煤电厂 CCS 技术投资项目的价值，研究结果表明政策不确定性可以给项目带来期权溢价，并给出了燃煤电厂投资 CCS 技术的碳交易临界价格。Fuss 等（2008）在技术进步和燃料价格不确定性下构建了燃煤电厂投资 CCS 技术的实物期权模型，并通过蒙特卡洛模拟法得出了最优投资决策的价值。Zhu 和 Fan（2011）把碳价格、电价、投资成本和运营费用四种不确定因素纳入一个离散序列投资决策模型中，用最小二乘蒙特卡洛模拟法对燃煤电厂投资 CCUS 技术进行了投资价值估算。Li 等（2015）把燃料价格、碳交易价格和 CCS 技术等不确定因素纳入三维低碳电源规划模型中，计算结果表明，较高的碳交易价格可以为燃煤电厂投资 CCS 技术带来效益，但燃料价格升高会使收益减少。Heydari（2007）在碳价格、煤炭价格和电价不确定条件下构建了燃煤电厂投资 CCS 技术的实物期权模型，把全部捕集和部分捕集两种技术进行了对比，并得出碳交易价格波动率在很大程度上影响了投资临界条件的结论。

从以上的研究内容来看，大多数学者都以实物期权法构建了燃煤电厂投资 CCUS 技术的模型，认为燃料价格、碳交易价格、政府补贴和技术进步等不确定因素可以带来期权价值，并且认为碳交易价格对投资项目的总投资价值影响程度大。

2.1.4　国内外 CCUS 技术激励政策

为缓和气候变暖趋势，全球多个国家已做出表态。美国在碳捕集的商业化应用方面走在世界的前列：2009 年 7 月颁布的《美国清洁能源领导法》进一步规定了 CCS 技术的监管框架，以及为 CCS 技术提供财政援助等；中国在"2030 煤炭清洁高效利用重大项目"实施方案中规划了煤电碳捕集创新基地建设方案，拟建设百万吨级 CCUS 技术示范工程及运输管道（毕新忠和沈海滨，2011），同时在碳收集领导人论坛第四届部长级会议上科技部发布的《中国碳捕集、利用与封存（CCUS）技术进展报告》指出，"仅 2011 年，相关国家科技计划和科技专项已部署项目约 10 项，总经费超过 20 亿元，其中公共财政支持超过 4 亿元；欧盟对于 CCS 等技术的研发一直处于世界领先地位；英国、加拿大等设立了多个基金对清洁能源技术进行补贴"。各国根据自身国情选择清洁能源技术的政策补贴方式，现有补贴方式可总结概括为五种。

（1）基金补贴。《美国复苏与再投资法案》中的 34 亿美元拨款与 CCUS 技术相关，其中，18 亿美元用于支持包括"未来发电 2.0 计划"在内的 CCS 技术项目；英国拨出 2000 万英镑用于设计和建造碳捕获和利用示范项目，2018 年 7 月 31 日发起 1500 万英镑的呼吁以支持 CCUS 技术创新，2016 年加入了一个由 9 个欧洲国家组成的财团，共同为 CCUS 技术的协同创新项目提供资金，该项目名为"加速 CCS 技术"(accelerator CCS technologies, ACT)，已联合起来提供 2534 万欧元，支持能够加速 CCUS 技术在欧洲内部部署的合作项目，同时，欧盟委员会又增加了 1126 万欧元，总计 3660 万欧元，除此之外，欧盟创立了创新基金，拨出 4.5 亿单位配额用于支持可再生和 CCUS 技术示范项目、储能和高耗能行业的低碳创新；加拿大联邦政府拨出 10 亿美元用于 CCS 相关技术的研究和开发，其中在阿尔伯塔省，政府拨款 20 亿美元资助 CCS 技术，并从提交的提案中选择了 3 个 CCS 技术项目；2014 年，澳大利亚政府拨款 25.5 亿美元用于减排基金采购碳信用额度，2019 年 2 月 25 日，澳大利亚政府宣布气候解决方案基金提供 20 亿美元以继续实现澳大利亚 2030 年减排目标，这将使减排基金的总投资达到 45.5 亿美元(何德忠，2009)。

(2)碳排放权交易。欧盟排放量交易系统于 2012 年 12 月 7 日生效，作为最大的运作和流动的碳世界市场，其排放量拍卖额以具有成本效益和经济效率的方式支持 CCS 技术商业化项目等低碳技术发展，目前欧盟碳市场的交易价格约为 20 欧元；2011 年 12 月中国国务院出台的《"十二五"控制温室气体排放工作方案》部署了控制温室气体排放的重点工作，方案对目标任务做了分解，明确了各地区单位国内生产总值 CO_2 排放下降指标，并在 2014 年 6 月建立 7 个试点碳市场并开始进行实质交易，2017 年 12 月正式启动全国碳交易市场，2020 年正式启动配额现货交易(科学技术部社会发展科技司 等，2012)。澳大利亚大规模可再生能源目标(large-scale renewable energy target，LRET)对认可的可再生能源电站生产的每兆瓦时合格的可再生电力发放了大规模发电证书(Large-scale Generation Certificates，LGCs)。LGCs 可以出售给每年需要将 LGC 交给清洁能源监管机构的单位(主要是电力零售商)，而发电站销售 LGC 所赚取的收入是销售电力所得的额外收入。同样，澳大利亚也有小型可再生能源计划(small-scale renewable energy scheme，SRES)为家庭、小企业和社区团体提供财政激励，如太阳能热水器等。SRES 通过负有 LRET 义务的实体购买安装合格的小型可再生能源系统时创建的小型技术证书(Small-scale Technology Certificates，STCs)发放补贴(澳大利亚清洁能源委员会，2019)。加拿大清洁增长和气候行动计划(clean growth and climate action plan)要求每个省向联邦政府提供一个碳定价年度计划的说明，价格必须从 10 加元/t(或更高)开始，到 2022 年上升到 50 加元/t，该碳定价系统于 2019 年 1 月 1 日生效。

(3)电价补贴。英国能源与气候变化部将安装 CCS 技术项目的发电厂纳入"电差价合同"(contracts for difference)补贴对象以抵免部分碳税；美国则把拥有 CCS

技术系统的发电厂纳入清洁能源中，并给予一定额度的电价补贴；2009 年，德国重新修订了《可再生能源法》，依据技术进步和市场发展状况对新能源电价标准和年递减率做出了相应调整，根据 RE(renewable energy，可再生能源)技术发电机的总支付额和总发电量，2011~2014 年的平均上网电价调整为 0.08 欧元/(kW·h)，太阳能为 0.33 欧元/(kW·h)；为调动煤电企业的改造积极性，中国对达到超低排放水平的新建机组和现役机组分别给予 0.5 分钱和 1 分钱的电价补贴。

(4)税收补贴。税收补贴主要包括对不安装 CCS 技术设备的企业征收额外碳税以及对安装 CCS 技术设备的企业进行税收抵免等。英国的气候变化税政策规定实施 CCS 技术项目的企业可获 80%的税收抵免；美国的国内税收法典 45Q 于 2019 年修订，按规定储存每吨标准 CO_2 将获得政府 50 美元的税收抵免(从 20 美元上调)，而每吨标准的 CO_2 用于 EOR、EGR 将获得 35 美元的税收抵免(从 10 美元上调)，补贴年限为 12 年，除此之外美国投资税负(investment tax credit，ITC)减免和产品税赋(production tax credit，PTC)抵免修订新的风能、地热和闭环生物质工厂每兆瓦时获得 24 美元，其他符合 PTC 标准的技术获得 12 美元。PTC 值根据通货膨胀进行调整，并在工厂服务的前 10 年内应用，这种税收抵免本质上还是一种价格补贴；加拿大 2017 年 5 月开始实施碳税政策，对化石燃料征收碳税，从 2018 年每吨 10 美元开始征收，到 2022 年每年增加 10 美元至每吨 50 美元。美国加利福尼亚州公共事业委员会从 2005 年开始在行政命令下开发加利福尼亚太阳能计划项目(Go Solar California，CSI)，主要实现到 2016 年底为投资者所有的公用事业公司安装 3000MW 的太阳能电力系统的目标。同一时期，各国还出台了各种太阳能激励措施：联邦政府为住宅和商用太阳能光伏系统的所有者提供一次性税收抵免，抵免额占系统投入运行当年总成本的 30%，直到 2016 年；我国规定污染物排放浓度低于国家或地方规定污染物排放限值 50%以上的，切实落实减半征收排污费政策，国务院发展研究中心资源与环境政策研究所所长高世楫在 2019 年中国人口资源环境发展态势分析会上提到对清洁、低碳能源发展实施税收优惠，同时创新补贴方式，直接补贴给终端消费者；瑞典能源生产中关于氮氧化物排放的环境税的法案明确要求根据碳排量支付碳税；澳大利亚碳税废除立法于 2014 年 7 月 17 日获得参议院通过，以降低澳大利亚企业成本，缓解家庭生活压力。

(5)直接补贴。直接补贴一般表现为对购买或安装清洁能源设备的企业给予投资补贴，如芬兰和奥地利对太阳能技术公司购买或安装太阳能设备进行补贴。欧盟 2010 年 11 月 3 日通过决定：根据第 2003/87/EC 号指令第 14 条和第 15 条，对于 CCS 技术示范项目，支付的金额应为被监测、报告和核实的有关年份的 CO_2 储存量乘以供资率，对于区域资源示范项目，则为产生的能源量乘以供资率。供资率的计算方法是将发放的资金除以预计储存的 CO_2 总量的 75%。就 CCS 技术示范项目而言，在前 10 年的运行中，即在 RES 示范项目运行的前 5 年中预计产生的能源总量的 75%。美国加利福尼亚州公共事业委员会研发的 CSI 提供补贴类型之一为预期性能回购，即根据已安装光伏系统的技术规范和预期性能提供一次性付款。

现有文献分别对单种补贴和补贴组合效果进行了比较，对几种补贴政策给出了研究评价和政策建议。Yao 等(2018)根据 CCUS 技术目前的成本水平，建议在早期阶段对储存进行补贴，合理稳定的碳定价政策(如碳税)有利于长期大规模部署 CCUS 技术项目；黄超等(2016)分析了不同激励政策对两种 CCS 技术选择策略的影响，认为投资成本补贴优于运营成本补贴，且如果补贴较多，投资者会选择新一代 CCS 技术；朱磊和范英(2014)在对比政府补贴投资和补贴发电两种政策的效果时发现，在总预算补贴额度较小时，政府补贴企业的研发投入效果要优于直接补贴发电的效果。从评价结果看，首先，在 CCS 技术发展初期，我国政府应该侧重鼓励大型电力企业开展对 CCS 技术的消化学习，通过补贴研发投入、降低技术使用成本，为 CCS 技术未来的大规模应用打下基础。张新华等(2016)认为，虽然税收减免可激励发电商进行 CCS 技术投资，但直接补贴且正常征税可节约政府的补贴资金；莫建雷等(2018)关注不同政策(碳定价与非化石能源补贴)情景下未来经济增长、能源消费以及碳排放的演化趋势，认为碳定价和非化石能源补贴的混合政策可以较低成本，实现碳达峰目标、非化石能源比例目标和碳强度目标，特别在 50 元/t CO_2 和 30%非化石能源补贴政策组合下可同时实现上述目标。在我国可再生能源补贴资金受约束的条件下，未来随着可再生能源规模的扩大与成本的下降可逐步降低补贴力度，同时辅以其他政策支持，如积极争取私有资金、加强可再生能源技术研发以降低技术成本、实施可再生能源配额交易等为技术扩散提供额外激励等。Chen 等(2016)发现在中国，碳市场和发电补贴应互相补充抵消成本，考虑到不同的碳市场条件，当补贴从 0.01 美元到 0.05 美元/(kW·h)时，可以将 CCS 技术的投资潜力提高 9.66%～39.18%，将 CCS 技术的投资周期缩短 0.39～1.95 年，带来 0.10～1.89 Gt CO_2 的减排潜力。

综上，国外清洁能源补贴政策可大致概括为五种：基金补贴、碳排放权交易、电价补贴、税收补贴和直接补贴，并具有以下特点：不同清洁能源补贴政策种类、力度不同，同一种清洁能源根据不同生产成本也有不同的补贴政策；补贴力度逐年递减以推进产业市场化进程，避免产业补贴依赖，且有逐渐取消补贴的趋势。从补贴种类来看，以上五种补贴方式对于 CCUS 技术都是适用的，国务院发展研究中心资源与环境政策研究所所长高世楫提到，对清洁、低碳能源发展实施税收优惠，同时创新补贴方式，直接补贴给终端消费者，因此税收优惠可能会成为对清洁能源的主要补贴方式，我国未来 CCUS 技术补贴方式应不局限于以上，同时企业投资决策应重视对成本的压缩，避免国家补贴的骤然退出。在 2019 年中国人口资源环境发展态势分析会上，全国政协人口资源环境委员会委员武钢认为，补贴逐步退出是趋势，但是不能"一刀切"，应设计退出机制。因此从补贴方式而言，补贴的时长和方式也应成为企业投资决策和政府补贴制度设计的重要考虑因素。

2.1.5　CCUS 技术未来研究方向

CCUS 技术是控制温室气体排放、减缓温室效应的有效手段，从相关文献可以看出，CCUS 技术一经问世就受到较多关注，关于 CCUS 投资决策的研究也比较丰富。但是由于 CCUS 技术项目在国内还处于示范阶段，相关政策还不明朗，研究大多还存在一些局限。

（1）对项目成本、政策和基于商业模式的上下游主体利益分配系统考量相对不足。一方面，CCUS 技术是多环节的项目技术，其项目投资不仅需要各环节的经济可行性度量，更需要将整个项目各个环节结合进行成本优化设计；另一方面，目前大多数研究都基于多种影响因素考虑某种补贴政策下对 CCUS 技术投资决策的影响，或从政府角度考虑补贴政策激励效果的优劣，对不同补贴政策的影响或基于政策体系的投资决策研究还不足，最后，CCUS 技术很难在民营企业进行一体化运营，因此基于供应链的企业间利益分配和商务模式等相关研究都应该深入。

（2）现有 CCUS 技术项目企业投资研究大多聚焦于国家或行业层面，而忽略了项目成本和市场的区域差异。由于项目的特殊性，不同碳市场价格差别较大，不同地势对 CO_2 运输成本有决定性影响。

（3）现有的大多数研究都是在我国碳交易机制建立前进行的，新情景会对政策和投资决策产生影响。2018 年 IPCC 发布《IPCC 全球升温 1.5℃特别报告》，在更紧迫的目标下，政策力度和企业投资机会会受到影响。中国碳交易市场于 2017 年正式运行，在新情景下，企业 CCUS 技术项目除成本节约效应外还会产生碳交易收益。

（4）由于国内政策不明朗，现有研究多少带有主观色彩，对政策设计和企业投资决策指导意义不大。①现有投资决策多为定量研究，需要大量基数假设，具有主观色彩；②国内 CCUS 技术相关补贴政策还未出台，政策制定难点在于补贴实施的方式、力度、时长的选择，既要达到激励效果，又要控制产业规模，降低成本，但大量研究都是在基于现有某种补贴政策的基础上进行的，难免受到思路限制。

基于以上，对 CCUS 技术投资决策的研究不妨从四个方面加强：①加强对整个项目成本和政策体系的优化设计，并考虑环节之间不同利益主体的利益分配；

②重视对区域层面的研究,加强研究的实用性和针对性;③重视不同研究方法的迁移运用,扩充研究分析方法;④国内外现有补贴形式有限,而大多数研究都是在现有的补贴政策上做出的,难免受到思路限制。结合最新情景,补贴方式创新和 CO_2 产业应用扩大化是趋势, CO_2 收益的考虑、不同补贴方式设计和相关政策体系考量可能是未来国内学者大有可为的方向。

2.2　燃煤电厂 CCUS 技术的发展现状

2.2.1　燃煤发电概述及发展现状

1. 燃煤发电概述

火电厂是以煤、石油或者天然气作为燃料的发电厂的统称,燃煤电厂是火电厂中的一种,是煤炭在锅炉中燃烧加热水生成蒸汽,将燃料的化学能转变成热能的一种过程(熊信银,2004)。

燃煤电厂按蒸汽压力和温度不同可以分为低温低压电厂、中温中压发电厂、高温高压发电厂、超高压发电厂、亚临界压力发电厂、超临界压力发电厂和超超临界压力发电厂,蒸汽压力分别为 1.4MPa、3.92MPa、9.9MPa、13.83MPa、16.77MPa、22.11MPa 和 31MPa,温度分别为 350℃、450℃、540℃、540℃、540℃、550℃和 600℃。燃煤电厂按装机容量可以分为大容量发电厂、大中容量发电厂、中容量发电厂和小容量发电厂,装机容量分别为 1000MW 以上、250~1000MW、100~250MW 和 100MW 以下。

燃煤电厂锅炉的烟气通过高烟囱排入大气,烟气中的主要污染物有烟尘、SO_x、NO_x 和 CO_2 等,这些污染物会伤害人体、破坏环境,烟尘、SO_x、NO_x 和过高或过低浓度的 CO_2 在不同程度上会危害人体健康、使农作物减产或植被枯萎、破坏大气中的臭氧层。近年来,由于大量使用化石燃料,燃煤电厂排出的 CO_2 在空气中的浓度不断上升,形成温室效应,给环境带来的压力越来越大,在当前情形下,如何对 CCUS 技术进行投资是本书研究的重点。

2. 燃煤发电行业发展现状

全国燃煤发电厂的发电量占火电发电总量的近 99%。随着经济的不断发展,我国电力行业也在不断发展,发电容量的快速发展满足了我国工业化能源需求,2010 年,我国电力装机总容量为 96641 万 kW,其中燃煤机组装机容量为 70258 万 kW,占 2010 年电力装机总容量的 72.70%。2017 年,我国电力装机总容量为

177703 万 kW，比 2010 年增长 83.88%，其中燃煤机组装机容量为 107677 万 kW，比 2010 年增长 53.26%，占 2017 年电力装机总容量的 60.59%，虽然燃煤机组装机容量占比逐年下降，但燃煤机组装机容量逐渐增高。2010~2017 年我国电力装机总容量和燃煤机组装机容量情况如表 2.6 所示。

表 2.6　2010~2017 年我国电力装机总容量和燃煤机组装机容量情况[1][2]

年份	电力装机总容量 /万 kW	燃煤机组装机容量 /万 kW	燃煤机组装机容量 占比/%	燃煤机组装机容量 增长率/%
2010	96641	70258	72.70	—
2011	106253	76066	71.59	8.27
2012	114676	81149	70.76	6.68
2013	125768	86139	68.49	6.15
2014	137018	91439	66.74	6.15
2015	152527	99548	65.27	8.87
2016	165051	105033	63.64	5.51
2017	177703	107677	60.59	2.52

从发电量来看，2010 年，全国发电总量为 42071.6 亿 kW·h 时，其中燃煤发电量为 32986.1 亿 kW·h，占全国发电总量的 78.40%。2016 年，我国发电总量为 56184.0 亿 kW·h，比 2010 年增长 33.54%，其中燃煤发电量为 40972.0 亿 kW·h，比 2010 年增长 24.21%，占全国发电总量的 72.92%，全国发电总量逐年增加，燃煤发电量也是逐年增加的趋势。2010~2016 年我国发电总量和燃煤机组发电量情况如表 2.7 所示。

表 2.7　2010~2016 年我国发电总量和燃煤机组发电量情况[3][4]

年份	全国发电总量 /亿 kW·h	燃煤发电量 /亿 kW·h	燃煤发电量占比 /%	燃煤发电量增长率 /%
2010	42071.6	32986.1	78.40	—
2011	47130.2	37953.6	80.53	15.06
2012	49875.5	38538.8	77.27	1.54
2013	54316.4	42045.4	77.41	9.10
2014	56495.8	42259.6	74.80	0.51
2015	58146.7	42413.5	72.94	0.36
2016	56184.0	40972.0	72.92	-3.4

① 电力装机总容量数据来源于 2011~2018 年《中国统计年鉴》。
② 燃煤机组装机容量由其占火电机组装机容量的 99%计算得到。
③ 全国发电总量数据来源于 2011~2017 年《中国统计年鉴》。
④ 燃煤机组发电量由其占火电机组发电量的·99%计算得到。

　　随着中国经济的发展，我国的能源消费需求仍将持续稳定增长，我国富煤少油，油气供应大幅增长存在不确定性，可再生能源需要煤电的有力支持。

　　从煤炭消费来看，2010 年全国煤炭消费量为 349008.30 万吨，其中电力煤炭消费量为 154542.50 万吨，占全国煤炭消费总量的 44.28%。2015 年全国煤炭消费量为 397014.07 万吨，比 2010 年增长 13.75%，其中电力煤炭消费量为 179318.40 万吨，比 2010 年增长 16.03%，占全国煤炭消费总量的 45.17%。2010～2015 年全国煤炭消费量和电力行业煤炭消费量情况如表 2.8 和图 2.1 所示。

表 2.8　2010～2015 年全国煤炭消费和电力煤炭消费量情况[①]

年份	全国煤炭消费量/万吨	电力煤炭消费量/万吨	电力煤炭消耗比例/%
2010	349008.30	154542.50	44.28
2011	342950.20	175578.50	51.20
2012	411726.90	183531.00	44.58
2013	424425.90	195177.40	45.99
2014	411613.50	184525.30	44.83
2015	397014.07	179318.40	45.17

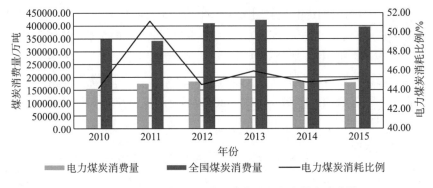

图 2.1　2010～2015 年全国煤炭消费量和电力煤炭消费情况

　　从电力结构看，根据 2021 年《中国统计年鉴》数据显示，到 2020 年我国发电行业总装机容量为 220204 万千瓦，其中，燃煤发电占全国发电的 57%，水电占全国发电的 17%，风电占全国发电的 13%，太阳能发电占全国发电的 11%，核电占全国发电的 2%；据清华大学热能工程系岳光溪预测，2030 年电力总装机容量为 300000 万千瓦，电力行业装机容量各类别占比分别如下：燃煤发电占全国发电的 45%，但占比仍是各发电种类中最高的，水电占全国发电的 15%，相比 2020 年有所下降，风电占全国发电的 14%，气电占全国发电的 6%，太阳能发电占全

---

① 全国煤炭消费量和电力煤炭消费量数据来源于 2011～2016 年《中国统计年鉴》。

国发电的 13%，核电占全国发电的 7%，我国电力结构变化趋势如表 2.9 所示。

表 2.9　2020～2030 年我国电力结构变化趋势[①]

类别	2020 年总装机容量(220204 万千瓦)[②]						2030 年总装机容量(300000 万千瓦)[③]					
	煤电	水电	风电	气电	太阳能	核电	煤电	水电	风电	气电	太阳能	核电
占比/%	57	17	13	-	11	2	45	15	14	6	13	7

从 2010～2015 年全国煤炭消费、电力煤炭消费情况和 2020～2030 年电力结构变化趋势来看，煤炭未来仍是我国能源保障的基石，煤电占全国电力结构的 50% 左右(表 2.9)。

在超临界燃煤机组发电和超超临界燃煤机组发电发展方面，2006 年我国开始步入超超临界发电技术发展道路，如华能沁北超临界燃煤电厂规划装机容量为 6×600MW，2004 年一期工程已安装 2×600MW 超临界燃煤机组；华能玉环电厂的 2×1000MW 超超临界燃煤机组是中国安装的第一个 2×1000MW 超超临界燃煤机组；山东邹县电厂三期工程建成 2×600MW 超超临界燃煤机组，四期工程建成 2×1000MW 超超临界燃煤机组；上海外高桥电厂二期工程建成 2×900MW 超临界燃煤机组，三期工程建成 2×1000MW 超超临界燃煤机组等，这些形成了以大容量高参数化为特色的中国煤电发展模式，我国已经成为超超临界燃煤发电大国，2007～2017 年我国超超临界燃煤发电机组的新增情况如表 2.10 所示。

表 2.10　2007～2017 年我国超超临界燃煤发电机组的新增情况[①]

	年份										
	2007	2008	2009	2010	2011	2012	2013	2014	2015	2016	2017
1000MW 超超临界台数	4	8	7	17	23	10	16	18	16	13	10
600MW 超超临界台数	6	4	4	9	11	4	14	11	14	9	7
各年超超临界机组容量/MW	7960	10640	9640	22940	30260	12640	16840	25260	25240	18940	14620

近年来，二次再热超超临界发电技术也走上发展道路，2015 年 6 月 27 日，华能安源电厂二次再热超超临界燃煤发电机组投产，2015 年 9 月 25 日，国电秦州电厂 3 号机组正式投运，国电秦州电厂是世界上首台百万千瓦二次再热超超临界燃煤发电机组，2015～2018 年二次再热超超临界燃煤发电机组项目表如表 2.11 所示。

---

① 岳光溪. 中国燃煤发电的现状及循环流化床燃烧技术的发展. http://news.bjx.com.cn/html/20171229/870821.shtml.
② 2021 年《中国统计年鉴》.
③ 岳光溪, 吕俊复. 2010. 循环流化床燃烧发电技术的现状及发展前景[C]//首届中国工程院/国家能源局能源论坛.

表 2.11　2015～2018 年二次再热超超临界燃煤发电机组项目表[①]

机组名称	计划投运时间	燃煤	容量/MW	蒸汽参数/(℃/℃/℃/MPa)	设计供电效率/%
华能安源#1	2015	烟煤	660	600/620/620/31	46.87
华能安源#2	2015	烟煤	660	600/620/620/31	46.87
国电秦州#3	2015	烟煤	1000	600/610/610/31	47.94
国电秦州#4	2015	烟煤	1000	600/610/610/31	47.94
华能莱芜#6	2015	烟煤	1000	600/620/620/31	47.95
华能莱芜#7	2015	烟煤	1000	600/620/620/31	47.95
粤电惠来#1	2015	烟煤	1000	600/620/620/31	—
粤电惠来#2	2015	烟煤	1000	600/620/620/31	—
国华北海#1	2015	烟煤	660	600/620/620/31	—
国华北海#2	2015	烟煤	660	600/620/620/31	—
国电蚌埠#1	2015	烟煤	660	600/620/620/31	—
国电蚌埠#2	2015	烟煤	660	600/620/620/31	—
大唐雷州#1	2017	烟煤	1000	600/620/620/31	—
大唐雷州#2	2017	烟煤	1000	600/620/620/31	—
华电句容#1	2017	烟煤	1000	600/620/620/31	—
华电句容#1	2017	烟煤	1000	600/620/620/31	—
江西丰城#2	2017	烟煤	1000	600/620/620/31	—
申能安徽平山	2018	烟煤	1350	600/610/610/31	48.92

注：蒸汽参数(℃/℃/℃/MPa)表示二次再热蒸汽温度/饱和蒸汽温度/饱和水温度/兆帕。超超临界机组实际上是在超临界机组的基础上进一步提高蒸汽压和温度。第一个温度表示再热蒸汽温度,第二个和第三个温度表示饱和水和饱和蒸汽没有任何差别,是水的临界点,气液两相的相界面消失,成为均相体系。

　　超超临界燃煤发电机组与超临界燃煤发电机组相比,热效率提高了 1.2%～4%,全年可减少使用优质煤 6000t,该技术的节能环保示范作用明显。华能玉环电厂是目前世界上效率最高、容量最大、参数最高的超超临界燃煤发电机组,它的供电耗煤为 283.2g/(kW·h),同比 2006 年全国平均供电耗煤少82.8g/(kW·h),超超临界燃煤发电机组大幅度减少了煤炭资源的使用,并且每年可减少 NO_x 排放量2000t,减少 CO_2 排放量 50 多万吨、SO_2 排放量2800多吨,具有先进的环保和能耗减少水平。2005～2016 年我国燃煤机组年平均供电耗煤变化情况如图 2.2 所示。

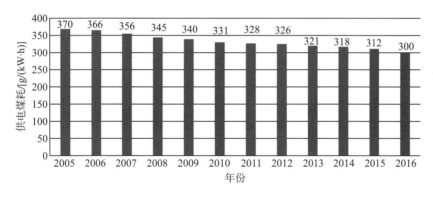

图 2.2　2005～2016 年我国燃煤机组年平均供电耗煤变化情况[①]

由图 2.2 可知，2005 年燃煤机组的供电煤耗为 370g/(kW·h)，2010 年燃煤机组的供电煤耗为 331g/(kW·h)，比 2005 年减少 10.54%。由此可见，超临界和超超临界燃煤发电机组是中国未来燃煤发电的趋势。

2.2.2　燃煤电厂 CCUS 技术的发展现状

在我国政府政策的支持下，CCUS 技术在我国不断发展。神华集团、华能集团和中石油等企业逐渐开展了 CCUS 技术的研发应用和全流程示范项目建设，胜利油田开展了 CCUS 技术项目示范和研发技术应用，这也是国内首个燃煤电厂 CCUS 示范项目(Li et al.，2014)。高碑店热电厂在 2008 年开启 CO_2 捕获项目，年捕获 CO_2 3000t；华能石洞口 CO_2 捕集示范项目在上海建成，这是全球最大的燃煤发电厂 CO_2 捕捉项目，预计年捕捉 CO_2 10 万吨，但在项目运行之后是将捕集到的 CO_2 卖掉而不涉及利用及封存阶段，这算不上是完整的 CCUS 技术全流程项目；2010 年，神华集团 CCS 技术项目采用的是全流程捕获、运输与封存技术，是我国首个全程 CCUS 技术示范项目，封存量为 10 万吨(中国 21 世纪议程管理中心，2012)，这是我国最初只有年捕集量几千吨至 10 万吨的项目研究和示范。各个发达国家和亚洲开发银行都在为碳捕集项目提供支持，这表示在世界 CCUS 技术发展道路上又前进了一步。我国有关 CCUS 技术示范项目和工程情况如表 2.12 所示。

---

① 岳光溪. 中国燃煤发电的现状及循环流化床燃烧技术的发展. http://news.bjx.com.cn/html/20171229/870821.shtml.

表 2.12　我国有关 CCUS 技术示范项目和工程情况

项目名称	地点	规模	示范内容	现状
中石油吉林油田二氧化碳 EOR 研究与示范	吉林油田	碳封存: 10 万吨/年	二氧化碳 EOR	2007 年投运
中科金龙 CO_2 化工利用项目	江苏省泰兴市	利用量: 8000t/年	酒精厂 CO_2 化工利用	2007 年投运
华能集团北京热电厂捕集试验投项目	北京市高碑店	捕集量: 3000t/年	燃烧后捕集	2008 年投运
中海油 CO_2 制可降解塑料项目	海南省东方市	利用量: 2100t/年	天然气分离 CO_2 化工利用	2009 年投运
华能集团上海石洞口捕集示范项目	上海市石洞口	捕集量: 12 万吨/年	燃烧后捕集	2009 年投运
中电投重庆双槐电厂碳捕集示范项目	重庆市合川区	捕集量: 1 万吨/年	燃烧后捕集	2010 年投运
中石化胜利油田 CO_2 捕集与驱油小型示范	胜利油田	捕集和利用量: 4 万吨/年	燃烧后捕集 CCS-EOR	2010 年投运
神华集团煤制油 CO_2 捕集与封存示范	内蒙古自治区鄂尔多斯市	捕集和利用量: 10 万吨/年	煤液化厂捕集+咸水层	2011 年投运
新奥集团微藻固碳生物能源示范项目	内蒙古自治区达拉特旗	利用量: 2 万吨/年	煤化工烟气生物利用	一期已投产
华能绿色煤电 IGCC 电厂捕集利用和封存示范	天津市滨海新区	捕集量: 6~10 万吨/年	燃烧前捕集 CCS-EOR	2011 年启动
华中科技大学 35MWth 富氧燃烧技术研究与示范	湖北省应城市	捕集量: 5~10 万吨/年	富氧燃烧捕集+盐矿封存	2011 年启动
国电集团 CO_2 捕集和利用示范工程	天津市塘沽区	捕集量: 2 万吨/年	燃烧后捕集	2011 年投运
连云港清洁煤能源动力系统研究设施	江苏省连云港市	捕集量: 50 万吨/年(一期) 100 万 t/年(二期)	燃烧前捕集	2012~2015 投运
中石化煤制气 CO_2 捕集与驱油封存示范工程	胜利油田	捕集量: 70 万吨/年	煤制气捕集 CCS-EOR	—
中石化胜利油田 CO_2 捕集和封存驱油示范工程	胜利油田	捕集利用量: 50~100 万吨/年	燃烧后捕集 CCS-EOR	—

资料来源: 中国 21 世纪议程管理中心, 2012。

2.3　传统的投资决策理论

2.3.1　传统的投资决策方法

传统的投资决策方法主要有回收期法、净现值(net present value，NPV)法、托宾 Q 理论、决策树法，都是以折现现金流法为基础。

1. 回收期法

回收期法是指投资项目回收初始资金所花最短时间，代表了资本的周转速度，资本回收越快，利益越多，风险越小。回收期分静态投资回收期和动态投资回收期，静态投资回收期是指当投资项目经营获得的净现金流量可以抵偿初始投资成本时所花的时间，动态投资回收期是指当项目各年获得的净现金流折算到零时点的价值加总可以抵偿最初投资成本时所花的时间(何德忠，2009)。回收期法忽略了投资项目在以后带来的现金流量，不能准确衡量整个投资项目的经济收益。由于回收期法存在的局限性，投资项目时应使用专业的资金预算法，它只能作为辅助评价指标。

2. 净现值法

净现值是指项目未来产生的净现金流折算到零时点的价值与投资成本之间的差值。如果投资项目的净现值为正值，则此项目可以投资，如果投资项目的净现值为负值，则放弃投资。和回收期相比，净现值法包括投资项目整个时期经营带来的现金流量，并考虑了货币的时间价值。但净现值法没有计算出投资项目具体的收益率，净现值法各年折现时的折现率都是一样的，但是投资项目在不同的阶段应该采用不同的折现率进行折现。

3. 托宾 Q 理论

詹姆斯·托宾在 1969 年提出了托宾 Q 理论，托宾 Q 理论是指企业的市场价值与资本重置成本之比(Tobin，1969)。若托宾 Q>1，说明企业带来了价值，企业的投资成本小于创造的价值；若托宾 Q<1，说明企业浪费了社会资源，企业的投资成本大于价值。企业根据托宾 Q 的值来决定是否要扩大市场或者是缩小规模，并且可以反映市场对于公司未来利润的预期。

4. 决策树法

决策树法指明了企业未来可能采取的方案的决策点和各种可能结果概率，它把可行方案、方案产生结果的概率和方案的期望值表示出来，企业最终可以根据期望值来选择最适合的投资方案。决策树法的优点是具有灵活性和管理柔性，可以清晰明了地把各种方案的可能性画出来。但决策树法的缺点是决策树分支太多、太烦琐，减小了其有效性，其次是没有考虑货币的时间价值。

2.3.2 传统投资决策评价方法的缺陷

传统投资决策方法的优点是考虑到了资本的时间价值，但现实环境的动态性规避了投资项目的不确定性带来的价值，认为不确定性只能带来风险。它的前提假设为：①要精确预估投资项目各年的净现金流量，并且能根据投资者承受风险的大小调节项目的贴现率；②项目的折现率是按给定的贴现率计算；③在投资项目的经营期间，投资的内外部环境不影响预测结果；④企业投资项目没有时机可以选择。因此，传统的投资决策方法不适用于不确定性环境下的投资项目，它忽略了现实环境的动态性和不确定性，规避了项目面临的风险。因此，企业的实际投资需要适合的投资决策方法来支持。Arrow 和 Fisher(1974)首先指出了企业投资行为的"不可逆效应"，这种效应限制了未来的投资可选择性，失去了不确定性带来的期权价值。Myers(1977)在此基础上提出了实物期权概念，为投资决策理论带来新的发展方向。

2.4 实物期权理论

2.4.1 实物期权的概念及基本特性

实物期权理论来源于金融期权定价理论，期权是指投资者以某固定的执行价格在一定的期限内买入或卖出某种标的物的权利。实物期权与传统的投资决策评价方法相比，实物期权考虑了企业投资项目的管理弹性(managerial flexibility)带来的价值。管理弹性是指投资者在不确定性条件下根据市场情况改变投资方案和营运策略，以追求投资项目利益最大化。

实物期权的标的资产是各类实物资产，实物资产可带来现金流，是不完全可逆的，实物资产投资具有时间价值，实物期权比金融期权更为复杂。运用实物期权法的项目需要假设有以下三个特征：①投资是全部或部分不可逆性，即一旦项目投资之后，投入的初始成本是沉没成本，即收不回投入的资金；②投资项目具有不确定性，外生的经济环境、政治环境和技术发展，行业环境和内生的技术水平都会给投资项目带来不确定性，从而使得项目收益具有不确定性；③投资时机的可选择性，即投资者从购买实物期权到到期日之前的任何时期都可以投资。这三个特征间的相互关系是传统的以边际收益、边际成本为基准的净现值法所忽略的，也就是这三个特征的相互作用决定了投资者的最优投资策略。

2.4.2　实物期权的分类

当企业面临不同投资问题的时候，投资决策者会根据项目的特点选择不同类型的实物期权，不同类型的实物期权有不同的估值方法。实物期权可以分为延迟实物期权、分阶段实物期权、转换实物期权、修正(扩张/收缩)期权、放弃实物期权和增长实物期权。

1. 延迟实物期权

延迟实物期权是指未来市场面临较大不确定性时，投资者可在期权有效期内选择合适有利时机进行投资。当投资者延迟投资项目时，可以获得更多如市场价格、市场容量等新信息，投资者掌握的信息增多，就会降低投资项目面临的不确定性，选择更有利的方案进行投资，会增加投资项目的收益，投资者便获得了等待期权价值。若在没有掌握更多确切信息的时候进行投资，投资者便失去等待期权的机会，减少投资项目的收益。如果市场情况使得延迟前和延迟后投资项目的收益变化不大，投资者可以立即做出投资决策。延迟实物期权特别适用于投资收益具有较大的不确定性、投资周期较长、风险和不确定性程度越高的项目，越可能推迟项目投资，延迟投资期权的价值越大。

2. 分阶段实物期权

分阶段实物期权是一个复合期权，即买权的买权，是指在项目的各个阶段分别执行期权，投资者对下一个阶段的投资取决于前面已经执行的各阶段投资的实际结果和新取得的信息，投资是分阶段完成的。分阶段投资期权适合新产品研究与开发等。

3. 转换实物期权

转换实物期权是卖出期权和买入期权的组合，指当未来市场需求的产品或者价格变化时，企业可以将生产设备的生产线在市场需求产品之间进行转换，项目价值的部分是转换期权的价值。

4. 修正(扩张/收缩)期权

修正(扩张/收缩)期权是指在企业运营过程中，运营规模可根据市场情况的变化来进行相应的调整。当行业产品需求增加时，企业可以扩张生产规模来顺应市场需求，扩张规模机会就如同买方期权，项目投资价值就成为原规模的价值加上扩大规模后的得到价值；反之减小企业生产规模甚至暂停生产，此缩减生产规模也如同买方期权。

5. 放弃实物期权

放弃实物期权是指若市场情况持续不乐观或出现其他原因致使企业巨额亏损时，投资者有权利选择放弃投资，以免造成更大的损失。若此项目生产设备用途很广，项目亏损后设备残值很高，项目的放弃期权价值就较大。

6. 增长实物期权

增长期权是指企业较早投资项目，不仅可以获得宝贵的累积经验，还可以给企业提供未来成长机会。此时项目的价值不能仅以投资项目带来的净现值衡量，企业未来成长机会也很重要，故增长期权较适用于战略性的投资、跨国投资项目、高科技产业的研发和制药产业的研发等。

2.4.3　实物期权的定价方法

实物期权的定价方法是在完全复制和无套利原则下进行的，目前实物期权定价方法分为连续时间和离散时间定价模型两大类。离散时间定价模型主要是多项式模型，如二叉树期权定价模型，连续时间定价模型主要由解析式如 B-S 定价模型、随机微分方程以及蒙特卡罗模拟构成。当企业投资者投资时，实物期权中三个随机过程，即几何布朗运动、中值回归过程和泊松跳跃过程经常会被采用，其中保底资产的随机游走标准扩散过程适合用几何布朗运动来描述；资产价值回归长期稳定水平适合用中值回归过程来描述；标的资产急剧的变化适合用泊松跳跃过程来描述，本书以下主要介绍二叉树定价模型、蒙特卡罗模拟法和 B-S 定价模型。

1. 二叉树定价模型

Cox 等(1979)提出了一种离散型模型定价方法，就是二叉树定价模型。二叉树定价模型假设在期权有效期内，标的资产有上涨和下降两个可能，且每次上涨和下降的波动率和概率都相同。二叉树定价模型的基本计算过程是：①在期权的有效期内将时间分为若干个时间段，并假设在每个时间段内标的资产价格只有上涨和下降两种情况；②标的资产价格上涨的概率是 p，下降的概率是 q，$p+q=1$；③再利用逆推法计算项目的实物期权价值。二叉树实物期权定价法计算出来的结果直观、简单，便于理解。

2. 蒙特卡罗模拟法

蒙特卡罗模拟法是建立在不确定性和概率统计基础上的一种方法，当需要计算不确定条件下的实物期权价值时，它通过随机过程模型反复模拟生成时间序列，得出需要估计的参数值。蒙特卡罗模拟法的步骤是：①构建一个模型参数和随机变量接近的概率模型；②在随机变量分布假设情况下，产生均匀的随机分布和服从某一分布的随机量；③用合适的随机变量抽样方法，对随机变量进行抽样；④将抽样随机变量的结果代入模型，求解；⑤根据模拟模型求出随机解的精度估计。

3. B-S 定价模型

Black 和 Scholes(1973) 发表的 *The Pricing of Options and Corporate Liabilites*(《期权定价与公司债务》) 中提出了 B-S 定价模型，它是 20 世纪世界金融市场的一个重大发现。B-S 定价模型的前提是标的资产价格服从几何布朗运动、全部卖空期权都可以使用、没有交易费用和红利支付；市场不存在无风险套利机会；证券进行连续交易；在期权有效期内，无风险利率固定不变且为常数。B-S 定价模型中的参数会影响计算出的实物期权价值，推导过程合理，但公式严谨复杂。

2.4.4　实物期权的研究方法

正如 Abel 等(1996)所言，传统的评价方法是基于投资是充分可逆的、"现在选择或绝不选择"的决策基础上假设的，故传统净现值(NPV)理论的关键缺陷之一是其不能考虑管理柔性。而 Myers 和 Majluf(1984)提出的实物期权法弥补了传统净现值(NPV)理论不能考虑管理柔性的缺陷，此后有关实物期权的研究开始蓬勃发展，下文分析研究实物期权法的研究现状。

国内外学者对实物期权法的研究主要包括单个实物期权、复合实物期权、战略实物期权、期权博弈。

钟庆等(2002)用动态规划方法对电网项目进行投资决策。在多阶段决策中以销售收入、税金、投资、系统运行费用、系统的维护费用 5 个变量建立函数模型来对电网建设项目进行决策，可以获得电网建设的最佳投资时机和投资规模，使动态规划问题成为固定始端和固定末端的问题。

马大川和杨红平(2004)考虑到项目投资支付的成本、预期的收益、灵活性的价值和风险的柔性价值，使用期权定价模型中的 B-S 模型来评估项目期权。

丁乐群等(2012)在风力发电项目多阶段、多不确定因素条件下，将发电量、上网电价、低碳收益等影响因素纳入风力发电项目的复合实物期权决策框架中，通过蒙特卡罗模拟法和二叉树方法，求解多阶段、多不确定因素的风力发电项目的投资决策价值。

曾鸣等(2015)在电力行业面临着更多的不确定性和风险性条件下，抛开传统的投资决策方法，将不确定性问题融入投资组合分析中，将发电投资面临的资本成本、燃料和碳价格、负荷需求等不确定因素引入实物期权模型中，用蒙特卡罗模拟法和线性规划的旋转算法计算出在不同碳价格水平下的最优投资比例。曾鸣等(2010)将实物期权应用于发电投资决策，并引入基本方案、扩容投资和放弃投资三种灵活性策略，建立了考虑灵活性措施的二叉树模型。通过构建决策树，得到了最佳的投资时间和投资措施，增加了发电投资者面对不确定因素时的灵活性和防范风险的能力。

实物期权法具有管理柔性的特点，但是该方法忽略了一个事实，即实物期权的非独占性。由于市场无时无刻不存在竞争，一般的投资机会都不具有独占权，同一投资机会的共享性导致企业主体之间的竞争，市场的竞争程度会影响投资机会竞争程度。由此可以看出，传统评价理论和实物期权理论都未能考虑主体博弈对于项目价值的影响。

期权博弈理论是将期权定价理论和思想及博弈论的思想、建模方法结合起来对项目投资进行科学管理决策的理论方法，是项目投资决策方法的最新发展。Smets(1991)在随机博弈理论的重要扩展和不确定条件下开发最优时机的研究模式的基础上构建了第一个真正意义上的期权博弈模型。Smets 将实物期权法和抢先进入博弈模型结合起来，构建了连续时间的期权博弈的理论分析基础。Smit 和 Ankum(1993)把企业竞争效应内生化，建立了第一个标准的离散时间期权博弈模型，用简单直观的二项式期权定价模型将期权博弈模型数量化。近年来，越来越多的学者把期权博弈理论应用到各类投资项目的价值评估中去，如 Dixit 和 Pindyck(1994)采用期权博弈方法分析了不完全竞争情况下两家竞争者的市场、永久性期权和不完全信息，并给出了领导者和追随者执行实物期权的价值和临界值。Lambrecht 和 Perraudin(1996)应用期权博弈方法分析了双寡头市场结构下企业为获得占先优势而提前执行期权的决策行为。安瑛晖和张维(2001)总结了传统投资决策理论和方法中存在的问题，并给出了期权博弈方法的一般化分析框架。张维和安瑛晖(2001)结合实物期权法和动态博弈理论分析出同时有研发投资机会的两个厂商的投资策略和项目价值,给出了两家厂商项目价值的评估方法以及最优的研发策略。唐振鹏和刘国新(2004)运用期权博弈方法分析了双寡头企业产品创新投资的不确定性、成本不可逆性和竞争对手的行为等因素对其产品创新决策的影响,以确定投资者的最优投资结构。游达明和廖奇音(2005)运用期权博弈理论方法分析了竞争条件下一个双寡头模型技术创新阶段最优的战略决策。谭欢(2002)将博弈论与期权理论相融合,分析了大型工程项目在投融资中投资规模、建设周期、社会效益等因素,以确定投资者的最优投资结构。

期权博弈理论不仅考虑了不确定性带来的期权价值,也将策略互动下的企业主体博弈价值纳入其中,期权博弈理论是项目评价的结论准确性和逻辑合理性的必然要求。

2.5 不确定性理论

2.5.1 不确定性定义

富兰克·H. 奈特 1921 年在《风险、不确定性和利润》一书中对不确定性(uncertainty)进行了严格定义:"在任何一瞬间个人能够创造的那些可以被意识到的可能性状态的数量",它具有不可预期性、不可重复性,不能被表示为"风险"的某种分布,它给预期者带来意外的"惊讶"(富兰克·H.奈特,2015)。他把未来难预测的事情分为不确定性和风险两种类型,其中不确定性是指事物未来有无数种可能性并且每种结果的概率是未知的,风险是指事物未来有若干不同的结果并且每种结果概率是已知的。投资中的不确定性主要包括投资环境和投资收益的不确定性。

投资环境的不确定性分为宏观投资环境的不确定性、中观投资环境的不确定性和微观投资环境的不确定性三种(吴江华,2008):①宏观投资环境的不确定性,主要包括企业所处的经济、政治、技术和社会文化等环境,经济环境指的就是企业现在所处的经济状况、经济结构等,政治环境指的就是政治制度和政策发布,技术环境指的就是企业所要投资的技术和现在有的发展前景的趋势,社会文化环境指的就是企业面临的社会公众的认知、人们共享的价值观、文化传统、生活方式对企业投资决策的影响;②中观投资环境的不确定性,是指企业所处的行业和地区投资环境,注重的是所处产业发展情况和区域环境中经济、地理条件和人口等对企业投资的影响;③微观投资环境的不确定性,主要包括企业可以控制的内部资源因素,如企业的财务状况、人力资源状况、研究开发能力分析和企业内部组织架构对于企业投资决策的影响。

当企业面对各方面的不确定性时，投资者只能根据目前掌握的有效信息预测投资项目面临的各种情况后再进行投资，故在投资决策过程中的决策方法和处理不确定性的能力非常重要。传统的现金流贴现的投资决策方法是以对称的方式看待不确定性所带来的风险，但是实物期权是以一种非对称的方式和动态的方式看待不确定性带来的风险，并认为不确定性可以给投资项目带来收益，不确定性越大，收益就越多，若未来的不确定性对投资有利，那么就进行投资决策，如果不利，就选择等待或者选择放弃。

2.5.2　不确定性的研究方法

由于技术和经济的发展，目前企业投资中面临的不确定性越来越大。目前处理不确定性的方法主要有模糊数学方法、随机数学方法、区间参数规划方法以及未确知数学方法(蒋茹，2007；梁婕，2009)。

1. 模糊数学方法

扎德于1965年首次提出了模糊集的概念，并得出了模糊数学方法(汪培庄，1983)。由于事物分类不明引起的不确定性叫模糊性。模糊数学方法是将模糊集合引入常规模型中而得到的，通过变换得到各种各样的二次开发模型。现在模糊集理论应用发展比较宽广。Sakawa 和 Yano(1990)提出了将线性规划方法和截断方法给合来求解模糊多目标规划，更多的模糊多目标规划也被其他学者大量应用。

2. 随机数学方法

随机数学方法是处理随机现象带来的不确定性最为常见的方法之一(张彦，1990；Masliev and Somlyody，1994)。随机数学方法带来的主要理论是概率论，随机数学方法又可分为传递函数方法、置信限区间法、数值模拟方法、非参数回归方法和回归分析方法(祝慧娜，2012)。在相同条件下，不同风险水平的相似性或风险评估中存在不确定性，随机蒙特卡罗模拟可以帮助选择大量的样本数据，通过蒙特卡罗模拟，不确定问题可用确定性模型来处理，然后再求解，但有一个局限性就是在算法和数据来源难以确定时就会影响概率风险分析的实用性。

机会约束规划是随机数学方法中除了蒙特卡罗模拟以外的另一个应用方法，模型的约束条件只需要在一定的概率下被满足(Mackay et al.，1985)。随机数学方法现在被广泛应用于大量领域的规划问题。

3. 区间参数规划方法

区间参数规划方法也是在不确定性研究中除了模糊数学方法和随机数学方法外常用的方法之一（Draper et al.，1999；Deshpande，2005）。区间参数规划方法是在不能用模糊数学方法和随机数学方法的情况下，若不确定性带来的变量在已知的区间内取值，则将该变量作为未知变量的一种方法。区间参数规划方法主要解决线性规划问题，曾光明等（1994）在最优化问题是非线性模型的情况下提出了一种用线性化方法求解区间非线性规划问题的方法，求得的变量取值为相对大的区间；Xia 和 Zhang（1993）基于发展的库恩-塔克条件，介绍了几个解决区间非线性规划问题的方法。区间参数方法当前主要的局限性是有可能因为区间参数规划方法描述时参数区间分布较广，从而造成模拟与优化结果的不确定性可能过大，这样会导致处理结果变化区间较广，结果得不到优化。

4. 未确知数学方法

未确知数学方法是根据建筑工程理论研究的需要提出的。这开创了一条研究未确知信息的数学表达和处理方法的全新路子，解决了"不完整信息"表达和处理的问题。内容包括连续性未确知数、离散型未确知数、未确知顺序、未确知集合、未确知函数和未确知极限导数及应用等。

总的来说，不确定性的处理方法可以在投资项目遇到不确定性时，运用数学规划方法来将不确定性因素纳入一定模型中，用来解决不确定性带来的预测结果偏差。但在实际应用中，这几种方法也还是有一定的局限性，如数据来源问题、参数估计问题、结果的求解方法和计算复杂等。因此，可以通过研究提供可靠方法使得决策支持信息更加有效。

2.6　本章小结

本章首先简介了 CCUS 技术及其发展现状、CCUS 技术的国内外研究现状和 CCUS 技术投资决策相关研究进展，然后详细介绍了传统项目投资价值评估理论，主要包括回收期法、净现值法、托宾 Q 理论和决策树法，并阐述其缺陷，接着详细阐述了实物期权法，包括实物期权的概念、特点、分类和定价方法，最后阐述了不确定性的定义和不确定性的研究方法。

第3章 燃煤电厂CCUS技术投资决策分析

3.1 燃煤电厂CCUS技术投资的主要影响因素及其不确定性分析

燃煤电厂CCUS技术投资项目具有投资不可逆性、投资可选择性、收益不确定性、技术不确定性和投资风险性等特点，同时燃煤电厂CCUS技术投资项目面临着多而复杂的不确定性。影响燃煤电厂投资CCUS技术项目收益的主要影响因素包括清洁电价补贴碳交易价格、CO_2利用价格和政府补贴等，影响项目成本的因素包括CCUS技术投资成本和运营成本及因运行CCUS技术设备产生的成本、封存成本和运输成本等。在期权估价时，过多的不确定性因素会降低实物期权法的可操作性，因此要分清投资中主要存在和影响期权定价的决定性因素。本章分别分析碳交易价格、CO_2利用价格、政府投资补贴和CCUS技术进步等影响因素的不确定性对CCUS技术投资的具体影响。

3.1.1 碳交易价格

碳排放权交易是指购买权利的一方向卖出方给付一定费用后获得一定量的CO_2排放权利，以达到减少温室气体排放的行为。政府机构给出一定区域内温室气体排放的总量上限，然后把总量分为一些排放份额，每份排放权对应的就是一个排放份额，之后把排放许可证出售或授权给各个企业，这种排放许可证是有限额规定的。若企业的碳排放量超过了政府给定的碳配额，应交罚款、进行碳减排或者在碳交易市场上重新购买碳配额；若企业有多余的碳配额没使用，可以将多余的碳配额在市场上出售以获得收益。因为碳交易价格不低，若燃煤电厂的碳排放量较大，在市场上购买碳配额会大幅增加燃煤电厂的运营成本；若燃煤电厂投资CCUS技术进行减排，电厂就可以将碳配额在市场上进行交易获益，故碳排放权交易通过利益调节机制促使燃煤发电企业通过减排收益以抵消部分CCUS技术投资的成本，是实现可持续发展的明智选择。

按照交易对象的不同，现今国际碳交易市场可分为项目交易市场和配额交易市场(allowance-based trade)。项目交易市场中，清洁发展机制(clean development mechanism，CDM)市场是交易份额最大的，属于《京都议定书》协定内，其碳排放交易权叫作 CER；配额交易市场中最典型的是欧盟的碳排放交易体系(EU Emission Trading Scheme，EU-ETS)，其碳排放交易权叫作 EUA(EU allowance)。我国政府非常重视节能减排，在"十一五"期间减少碳排放 14.60 亿 t，减排效果显著，并且在 2011 年确定了将北京、天津、上海、重庆、广东、湖北和深圳等 7 个省市作为中国碳交易市场的试点省市。2013 年起，7 个碳交易市场试点省市逐渐启动碳交易，共纳入 3000 多家企业，每年在市场上进行交易的碳配额有将近 14 亿 t CO₂。7 个试点市场已运行了多个完整的履约周期，对试点体系的各环节和关键要素均进行了完整的测试。清华大学中国碳市场研究中心对试点体系纳入单位的大规模问卷调查表明，通过碳交易试点市场进行碳排放权交易在提高企业的减碳意识、完善企业内部的数据监测体系、制定减排战略方面发挥了重要作用，40%以上的企业在其长期投资决策中考虑了碳价的影响，7 个碳交易试点省市 2013～2017 年的碳交易价格趋势如图 3.1 所示。

扫一扫，看彩图

图 3.1   中国 7 个碳交易试点省市 2013～2017 年的碳交易价格趋势[①]

注：深圳市自 2013 年 6 月 18 日正式启动碳排放权交易，以深圳排放权交易所为交易平台，交易品种主要包括：碳排放配额(SZA)、核证自愿减排量和相关主管部门批准的其他碳排放权交易品种。所以，SZA 表示碳交易的一种品种，SZA-201X 代表的是深圳 201X 年碳交易中的碳排放配额品种。

2017 年 12 月底，全国统一碳排放权交易市场正式启动，全国统一碳排放权交易市场现在是世界上规模最大的碳市场，将涵盖 1700 多家年排放量超过 26000t CO₂ 的煤炭和天然气发电企业。不仅如此，刚启动的市场为了促进碳减排，碳交易价格将会比现在的价格高 2～10 倍。全国碳排放权交易市场以发电行业为突破口，坚持市场导向、政府服务，逐渐完成基础建设期、模拟运行期。

---

① 数据来源于中国碳交易网，http://www.tanpaifang.com/。

具体来说，2013 年 7 个碳交易试点陆续开始启动，为中国碳交易市场积累了许多经验，但全国统一的碳市场在 2017 年 12 月底启动，交易市场机制并不完善，燃煤电厂投资 CCUS 技术碳交易主要在 7 个试点碳交易市场上进行，又因为 7 个试点省市具有经济差距和地域性差异，价格波动很大，故给燃煤电厂投资 CCUS 技术带了极大的不确定性。

3.1.2 CO_2 利用价格

CO_2 的利用环节主要包括 EOR、ECBM、CO_2 生物转化、CO_2 化工合成（Khatib，2011）、微藻制油技术、饮料添加剂等。截至 2014 年，CO_2 消费结构中 50%为机械制造业，20%为食品添加剂，10%为油田、煤田用 CO_2，其他占 20%[①]。根据以上数据和卓创资讯信息资料，本书为了方便项目计算，故将机械制造业、油田、煤田和其他行业消费的 CO_2 归为工业级 CO_2，CO_2 作为食品添加剂的归为食品级 CO_2，工业级 CO_2 消费量和食品级 CO_2 消费量各占 80%和 20%。

CO_2 利用价格就是 CO_2 在消费市场中的价格，CO_2 利用价格在我国各地区差别较大，经济发展不同的地区 CO_2 利用价格的波动给项目带来了不确定性。从卓创资讯网显示的 2017 年 CO_2 消费的交易价格信息来看，工业级 CO_2 价格的波动范围为 200～500 元/t，食品级 CO_2 价格的波动范围为 400～650 元/t。

3.1.3 政府投资补贴

在 CCUS 技术高投入、高风险的情况下，政府为鼓励 CCUS 技术的推广示范、加快其商业化，出台了一系列文件和政策，如《推进低碳发展试点示范 推动经济发展方式转变》《中国应对气候变化国家方案》《推动碳捕集、利用和封存试验示范》等，虽然我国政府重视 CCUS 技术在国内的发展，但至今还没有明确的对投资 CCUS 技术设备企业的补贴制度，对脱碳后的清洁电价也没有明确的鼓励政策，更没有政策文件对进行 CCUS 技术投资的燃煤发电企业发放具体投资补贴数额做出规定。燃煤电厂 CCUS 技术投资项目收益受到了外部不确定性极大的影响，甚至影响期权价值。在计算燃煤电厂 CCUS 技术项目投资净现值和总投资价值时，设政府投资补贴比例为 λ。

---

① 资料来源：《2016—2022 年中国二氧化碳市场分析与发展前景预测报告》。

3.1.4　CCUS 技术进步

Wright (1936) 是第一个提出"学习曲线"概念的，接着，Arrow (1962) 构建了 LBD (learning by doing) 学习曲线模型，该模型阐述了随着产量的增加或者劳动的经验积累，每单位的产出所需平均成本减少的情况。大多数研究成果指出，符合学习曲线模型的还有较热的新能源产业，如光伏发电和风力发电等产业。

目前，CCUS 技术还处于示范性阶段，据现在的发展速度来推测，有研究指出，CCUS 技术可能要在 2020 年后才能普遍推广，在 CCUS 技术示范阶段积累经验，从而降低燃煤电厂对 CCUS 技术的投资成本和运营维修成本。CCUS 技术进步对投资成本和运营维修成本 (简称运维成本) 的影响如图 3.2 所示。

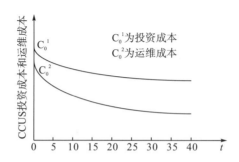

图 3.2　CCUS 技术进步对投资成本和运维成本的影响

CCUS 技术投资成本包括燃煤电厂 CO_2 捕集系统的设计、捕集设备购置、吸附捕集 CO_2 试剂购置等各项费用，CCUS 技术运维成本包括使捕集系统运转的吸附材料和维修费等。燃煤电厂投资 CCUS 技术项目的不确定性主要是来源于技术进步对成本的影响：①燃煤电厂进行 CCUS 技术投资后会影响电厂发电量、运营成本和能耗成本；②燃煤电厂的装机规模、采用的技术造成碳捕集的投资成本和运营成本差异较大。综合以上两点，CCUS 技术的不确定性会影响投资项目的总投资价值，因为其成本有不确定性。虽然 CCUS 技术在不断研发、示范，积累了很多数据资料和技术经验，但现在阻碍燃煤电厂投资 CCUS 技术的最重要的因素还是其高额的成本。

3.2　燃煤电厂 CCUS 技术投资性质及投资决策理论方法选择

3.2.1　燃煤电厂 CCUS 技术投资性质

CCUS 技术是一个庞大的技术群，燃煤电厂 CCUS 技术作为减少 CO_2 排放的有效手段之一，其投资具有以下特点。

(1)投资的不可逆性。燃煤电厂 CCUS 技术投资项目的投资成本包括燃煤电厂 CO_2 捕集系统的设计、捕集设备购置、吸附捕集 CO_2 试剂购置等各项费用，每年为了使 CCUS 技术设备正常运营还要支出部分运维费用。燃煤电厂 CCUS 技术投资的设备专用性和排他性都很高，一旦投入，便不能作为他用，因此投资成本不可逆。

(2)投资回报的不确定性。燃煤电厂投资 CCUS 技术项目面临着复杂的不确定性，项目投资的未来收益是不确定的。首先，从内部来讲，应用 CCUS 技术减少 CO_2 排放会增加燃煤、电力等能源的消耗，增加发电成本，降低电厂的发电效率等，还有燃料价格、电价和技术进步，这些相关指标都会影响电厂的收入和支出现金流；其次，燃煤电厂 CCUS 技术项目投资的收益与碳排放交易价格、政府补贴、CO_2 利用价格等有关，碳交易价格带来的不确定性只能根据各种分析判断各种可能情况和可能概率，但是预估的结果还是和实际有一定差距，因此 CCUS 技术投资回报的不确定性程度很高。

(3)投资的可选择性。《京都议定书》要求发展中国家从 2012 年开始强制实行碳减排。2014 年 12 月，国家发展和改革委员会发布的《碳排放权交易管理暂行办法》第二章的配额管理部分提出排放配额分配在初期以免费分配为主，适时引入有偿分配，并逐步提高有偿分配的比例，并且将符合标准的重点排放单位[①]纳入碳排放交易注册登记系统，用于记录其碳排放配额的持有、转移、清缴、注销等相关信息，这意味着重点排放单位将被强制实行碳减排。没有超过免费配额的燃煤电厂可以不用为超出免费配额部分买单，也可以不对 CCUS 减排技术进行投资，但是在有偿排放配额比例提高的情况下，燃煤电厂超过免费排放配额的部分需要电厂自行购买或者对碳减排技术 CCUS 技术进行投资，或者延迟投资 CCUS 技术，对于燃煤发电企业来说，有购买排放配额和进行 CCUS 技术投资两种选择。

---

① 重点排放单位是指涵盖石化、化工、建材、钢铁、有色、造纸、电力、航空等行业，参与主体初步考虑为业务涉及上述重点行业，其 2013～2015 年中任意一年综合能源消费总量达到 1 万吨标准煤以上(含)的企业法人单位或独立核算企业单位。

另一方面，在实物期权法下，只要在期权的有效期内，都可以进行时间点的选择，这是投资时机的可选择性。燃煤电厂 CCUS 技术投资项目的特点是投资者在项目投资上具有较高的决策灵活性，可由此来规避由于不确定性带来的损失。

（4）技术不确定性、投资风险大。①CCUS 技术是近几年发展起来的一项新兴技术，虽然发展潜力很大，但是在中国还正处于示范性阶段，公众对技术的认知度还不高，并且技术还存在较高的不确定性，示范和运行的经验不足；②在 2017 年底前，全国只有 7 个碳交易试点，虽然全国统一碳交易市场在 2017 年 12 月启动，但是交易机制还不完善，在此种情况下，投资 CCUS 技术有较大的投资风险。

3.2.2　燃煤电厂 CCUS 技术投资决策理论方法选择

1. 投资决策方法选择

燃煤电厂 CCUS 技术投资具备了投资不可逆性、投资收益的不确定性、投资可选择性、技术不确定性和投资风险大等特点，使得燃煤电厂 CCUS 技术投资决策存在实物期权特性，考虑到 CCUS 技术投资项目的期权价值，项目未来收益的不确定性越大，实物期权的期权价值就越大，并且使用实物期权法能将投资灵活性问题概念化、具体化和模型化，因此本书将实物期权引入到投资项目中，构建基于延迟实物期权的燃煤电厂 CCUS 技术投资决策模型，并且选用净现值法和实物期权定价法作为燃煤电厂 CCUS 技术投资决策估值方法。

2. 实物期权定价法选择

实物期权定价法中的 B-S 定价模型、二叉树定价模型和蒙特卡罗模拟三种定价方法，都比较适合单个期权价值的计算，下面就针对燃煤电厂投资 CCUS 技术单个实物期权价值的估算可用的三种定价方法做一个比较。

蒙特卡罗模拟法是模拟随机事件出现的概率分布情况，模拟过程中会产生大量样本，并且不断地重复，最后计算出每种情况下的收益，特点是计算量大且参数难以确定，由于全国统一碳交易市场刚刚启动，没有大量的数据作为参考，故用蒙特卡罗模拟法模拟较为困难。

B-S 实物期权定价法是用标的资产价格波动率、标的资产现值、无风险利率、期权执行价格、投资机会时间 5 个参数计算资产的期权价值，前提是标的资产价值波动符合布朗运动，公式严谨却复杂。

二叉树定价模型是在投资者没有任何风险偏好的基础上，假设标的资产价格都有上涨和下降的情况，然后用净现值计算每一期和每种可能情况下的价值。二叉树模型能处理比较复杂的实物期权项目，并且能使不确定性条件下的投资决策结果更简单、直观。

结合上述三种定价方法,对于燃煤电厂 CCUS 技术投资项目来说,2017 年 12 月底全国建立的统一碳交易市场还处于初级发展阶段,难以用大量的碳交易价格数据进行蒙特卡罗模拟。二叉树定价模型能够处理具有复杂性特点的实物期权项目,同时碳市场碳交易价格的波动随机上升与下降,项目投资结果能简单直观呈现。而 B-S 定价模型公式较为复杂。因此,本书选用延迟实物期权下二叉树定价模型计算不确定条件下燃煤电厂 CCUS 技术项目的总投资价值。

3.2.3 实物期权对于 CCUS 技术投资的适用性

传统投资决策方法假设现金流是确定或可估算的,当投资项目风险和不确定性越大时,会规避不确定性带来的潜在价值,项目投资的价值就越小。NPV 方法是用投资项目未来产生的现金流量和贴现率来计算出项目在零时点的价值,并根据净现值的正负来判断项目是否值得投资。燃煤电厂投资 CCUS 技术项目不适用于传统投资决策方法原因如下:①NPV 法假设投资是可逆的,没有沉没成本;②NPV 法以固定的贴现率折现,并认为项目产生的现金流可以准确预估;③NPV 法忽略了经营管理柔性。因此如果用 NPV 法来评价 CCUS 技术投资项目,可能有两种情况:①因规避项目面临的不确定性带来的收益而丧失投资机会,因为燃煤电厂 CCUS 技术投资项目并不只有经济效益,还包括环境效益和社会效益;②因没有考虑到 CCUS 技术投资项目的不确定性,导致投资失败,这两种情况都不是投资者想要的结果。

在不确定条件下的投资决策方法一般采用实物期权法,因为选择实物期权法进行项目投资的决策需要项目有较大的不确定性,这样才能带来更多的价值,燃煤电厂 CCUS 技术投资项目具有投资成本的不可逆、项目收益的不确定性、技术不确定性和投资风险大等特点,正好符合实物期权投资是全部或部分不可逆性、投资项目具有不确定性和投资时机的可选择性等特点,故用实物期权法对燃煤电厂 CCUS 技术项目进行投资决策。

因为燃煤电厂投资 CCUS 技术以后面临的市场有较大的不确定性、投资周期较长、风险和不确定性程度高等,有很多如碳交易市场中的碳交易价格、市场容量的信息、CCUS 技术是不确定的,若是等待投资,可以获得更多未来市场的有效信息,燃煤电厂投资者再根据这些市场有效信息进行投资,可以获得等待的期权价值,故燃煤电厂投资 CCUS 技术适合用延迟实物期权法。

3.3 燃煤电厂 CCUS 技术投资的应用框架

基于对燃煤电厂 CCUS 技术投资性质的分析，传统的项目投资评价方法在燃煤电厂 CCUS 技术投资价值评估中的不足不能够衡量其不确定性。但是传统投资价值评估方法在项目投资决策中还是有一定的应用价值，其实 NPV 法和有管理弹性的实物期权价值的两部分相加组成了目前广泛运用的方法。因此，本书根据燃煤电厂投资 CCUS 技术的项目特点，采用 NPV 法与实物期权法相结合的方法构建不确定条件下燃煤电厂 CCUS 技术投资决策模型。在计算项目售电补贴、政府补贴、碳交易收益、CO_2 利用收益、投资成本、CCUS 技术捕获设备安装成本、运营维修成本、燃料消耗成本和运输成本时考虑资金的时间价值，采用 NPV 法计算项目的净现值。同时，采用实物期权法的二叉树定价方法估计碳交易价格不确定性给投资项目带来的期权价值，燃煤电厂 CCUS 技术项目的总投资价值等于净现值和项目期权价值相加之和。

1. NPV 法

NPV 法是用贴现率计算投资项目未来现金流在零时点的价值。净现值的正负是项目是否要投资的依据，当净现值为正，项目可投资；反之，应放弃投资。其中，NPV 计算公式为

$$NPV = \sum_{i=1}^{n} \frac{CF_n}{(1+r)^n} - C \tag{3.1}$$

式中，C 是初始投资成本，CF_n 为第 n 时期的预期现金流，r 为折现率。

2. 实物期权法

实物期权法和传统评价方法相比的优势在于其有管理柔性价值，实物期权法认为不确定性既能给项目带来风险也能带来收益，当投资项目面临的不确定性越大时，期权收益就越大。燃煤电厂 CCUS 技术投资项目的收益方法采用 NPV 法与实物期权法相结合，构建不确定条件下燃煤电厂 CCUS 技术投资决策模型，即项目的总投资价值等于净现值加上延迟实物期权溢价。

第4章 不确定条件下燃煤电厂 CCUS 技术投资决策模型

为了缓解全球变暖趋势，世界各国从政策、经济等各方面展开了积极的应对工作。2018 年 10 月 8 日，政府间气候变化专门委员在韩国仁川发布《IPCC 全球升温 1.5℃ 特别报告》，报告指出，为实现 1.5℃的温控目标，全球气候行动亟待加速。面对更严苛的 1.5℃温控目标，国际能源署在 2018 年 11 月发布的 *World Energy Outlook 2018* 中指出，没有单一的解决方案可以扭转排放，必须推广 CCUS 技术。CCUS 技术的优点是能够实现化石能源使用的 CO_2 近零排放。但燃煤电厂 CCUS 技术投资成本不可逆，且具有很高的沉没成本，同时具有不确定性，目前正处于技术的示范性阶段，示范和运行的经验不足，公众对技术的认知度还不高，再加上全国统一碳交易市场机制还不完善，投资 CCUS 技术有较大的投资风险。

近年来，国内外学者开始关注 CCUS 技术并对其进行了经济效益、投资决策等方面的分析。Fuss 等(2008)考虑了欧洲电价与碳价格的不确定性，利用实物期权模型评价了燃煤电厂投资 CCS 技术后的价值。Abadie 和 Chamorro(2008)考虑了欧洲电力市场与碳价格的不确定性，建立了基于实物期权的 CCS 技术投资评价模型，并利用二叉树方法求解，得到了燃煤电厂投资 CCS 技术的投资规则。Insley(2003)、Abadie 和 Chamarro(2008)在碳排放价格基础上，对已建立燃煤电厂投资 CCS 技术的门槛进行了敏感性分析。Zhu 和 Fan(2011)运用实物期权法建模，在考虑碳交易价格、燃料价格、发电成本等不确定性条件和捕集环节的情况下，研究了中国电力部门采用 CCS 技术部分替代现有火电的投资风险和收益价值。朱磊和范英(2014)从成本节约的角度出发，考虑了投资 CCS 技术的碳交易价格、现有火电发电成本、CCS 技术投资成本等不确定因素，将序贯投资决策的实物期权法与 Monte-Carlo 模拟相结合，建立了燃煤电厂投资 CCS 技术捕获 CO_2 环节的投资评价模型，并结合案例分析了投资 CCS 技术改造的期权价值和投资风险。王喜平和杜蕾(2015)考虑在碳交易价格、燃料价格、投资成本及政府补贴等不确定因素下，在燃煤电厂只考虑 CCS 技术捕集 CO_2 环节情况下，基于实物期权构建了燃煤电厂 CCS 技术投资决策的四叉树模型并求解。张新华等(2016)在碳交易价格和发电量不确定的情况下，构建了考虑碳交易价格下限的发电商 CCS 技术投资期权模型。王喜平等(2016)考虑了 CCS 技术投资阶段性特点，在碳交易价格、燃料价格、投资成本等不确定因素下构建了燃煤电厂投资 CCS 技术捕集、运输和封存环节的两阶段实物期权投资决策框架，并对项目价值进行了评估。陈涛等（2012）在碳交易价格、电价和燃料价格等不确定条件下，将 CCS 技术（仅限捕获环节）投资视为更新期权，建立了一个发电投资和 CCS 技术投资的两阶段的投资决策模型，确定了发电和减排技术的投资决策规则。由于 CCUS 技术投资项目未来的现金流面临着极大的不确定性，使得 CCUS 技术投资决策存在实物期权特性，考虑到 CCUS 技术投资项目期权价值，当项目未来收益的不确定性越大时，实物期权的期权价值就越大。在全国碳交易机制下，燃煤企业在超过免费配额部分可以考虑购买碳排放配额，也可以考虑投资 CCUS 技术，可以立即投资，也可以延迟投资，延迟投资等待的价值形成了一个碳排放的期权价值。因此本书将衡量由碳交易价格不确定性给项目带来的额外收益，构建基于延迟实物期权的燃煤电厂 CCUS 技术投资价值评估模型，并通过实际案例对比分析 NPV 法和该模型的应用，为企业投资者做决策提供参考。

4.1　模型假设

CCUS 技术包括碳捕集、运输、利用和封存 4 个部分（IPCC，2005），CCUS 技术项目的现金流入主要有售电补贴、碳交易收益和 CO_2 利用收益，现金流出包括 CCUS 技术捕获设备安装成本、运营维修成本、因运行捕获系统而增加的燃料消耗和运输成本。

4.1.1　售电补贴

2014 年国家发展和改革委员会、环境保护部发布的《燃煤发电机组环保电价及环保设施运行监管办法》中规定：减少二氧化硫、氮氧化物、烟粉尘排放，切实改善大气环境质量，对加装环保设施燃煤发电企业给予适当的上网电价支持。因此，本书在进行价值评估时认为电价补贴是一定的，设售电补贴价格为 p_e，同时，为兼顾模型的合理性和数据的可得性，设项目的年发电量固定，为 q_e，则售电补贴 V_1 为

$$V_1 = p_e q_e \tag{4-1}$$

4.1.2　政府投资补贴比例

见 3.1.3 节。

4.1.3　碳交易收益

碳交易收益（设为 V_2）是指在全国碳交易市场机制下，燃煤发电企业投资 CCUS 技术但不购买碳配额而节约的成本，以及将电厂多余的碳配额进行交易而获得的收益。2017 年 12 月底，全国统一碳交易市场启动，但由于全国碳交易市场刚刚启动，政府管制政策不稳定，加之碳配额交易双方对 CO_2 供求的不确定性，碳交易价格具有极大的不确定性，并且是随机波动的，大量研究表明，碳交易价格服从几何布朗运动（Abadie and Chamarro，2008；Zhou et al.，2010；王喜平和杜蕾，2015），假设 t 时刻的碳减排交易价格为 p_c，则 p_c 满足：

$$dp_c = \mu_c p_c d_t + \sigma_c p_c dz_c \tag{4-2}$$

式中，μ_c 为碳交易的价格预期增长率，σ_c 为碳交易价格的波动率，dz_c 是标准布朗过程增量。在评估燃煤电厂 CCUS 技术项目的投资价值时，由于投资者预测的年发电量固定，根据相同的基准线和项目边界，年核准减排量就是固定的 q_c，则每期碳交易收益为

$$V_2 = p_c q_c \tag{4-3}$$

4.1.4　CO_2 利用收益

假设 CO_2 利用量占燃煤发电企业年核准减排量 q_c（不计压缩和运输损失）的比例为 ξ，工业级 CO_2 的卖出价格为 p_{s1}，食品级 CO_2 的卖出价格为 p_{s2}，则 $p_s = p_{s1} \times 80\% + p_{s2} \times 20\%$，$CO_2$ 年利用量为 ξq_c，CO_2 利用收益 V_3 为

$$V_3 = \xi p_s q_c = \xi(80\% \times p_{s1} + 20\% \times p_{s2}) q_c \tag{4-4}$$

4.1.5　CCUS 技术投资成本和运营维修成本

CCUS 技术投资成本（设为 C_t^1）、运营维修成本（设为 C_t^2）分别为 CO_2 捕集专业设备的投入成本和运营维修成本，投资成本包括燃煤电厂 CO_2 捕集系统的设计、捕集设备购置、吸附捕集 CO_2 试剂购置、满足脱碳系统要求的来气净化设备、设备安装调试等，假设 CCUS 技术投资初始成本为 C_0^1，建设后系统的初始运营维修成本为 C_0^2。因技术进步，t 年后建设成本为 C_t^1，运营维修成本为 C_t^2，投资成本、运营维修成本总和为 C_t，技术进步使得 CCUS 技术投资成本、运营维修成本逐渐降低，故投资成本、运营维修成本是不确定的。因为影响投资成本和运营维修成本的技术学习率不同，则可以将技术学习曲线分解为不同部分的加总（黄建，2012），则有：

$$C_t = C_t^1 + C_t^2 = C_0^1 \left(x_t / x_0 \right)^{-\alpha} + C_0^2 \left(x_t / x_0 \right)^{-\beta}$$

式中，x_t 和 x_0 分别是燃煤电厂安装 CO_2 捕集设备后 t 年的累计装机容量和基准年的累计装机容量，考虑到燃煤电厂的规模性，这里用燃煤电厂行业安装 CO_2 捕集设备的累计装机容量替代单个燃煤电厂的累计装机容量；α、β 分别为反映影响投资成本、运营维修成本的技术学习能力的参数，参考 Rubin 等(2007)的研究，分别取 α、β 为 0.168 和 0.358。

4.1.6　因运行捕获系统而增加的燃料消耗成本

CCUS 技术捕获系统运行需要额外消耗用电用于 CO_2 捕获等，一个配备 CCUS 技术系统的电厂相比同等电厂大约多消耗 10%～40%的能源(Khatib，2011)。假设用燃煤消耗代表电厂 CCUS 技术系统消耗能源，假设煤炭价格为 p_r，再设 q_r 为运行捕获系统而增加的燃料量，则燃料消耗成本 C_r 为

$$C_r = p_r q_r \tag{4-6}$$

4.1.7　运输成本和封存成本

CO_2 输送方式主要有罐车输送、轮船输送和管道输送三种(陈霖，2016)，封存可分为地质封存、海洋封存、化学封存及森林和陆地生态系统封存(张华静和李丁，2014)。

4.1.8　CCUS 技术项目期权溢价

中国在 2017 年 12 月底启动全国统一碳交易市场，但机制尚未完善，碳减排市场面临着供需状况、政策调整以及全球大经济环境等外部不稳定因素，因此碳减排量交易价格会有一定的不确定性。不确定性可以给投资者带来期权溢价，即给予投资者在当下以一定的价格(项目的投资额)买入一定标的资产，而由于未来标的资产价值的不确定性(关键因素是碳减排交易价格的不确定性)，投资者就会有得到或者选择如何得到更有利的收益的权利，也就是延迟期权溢价(delayed value)，设延迟期权溢价为 DV。

4.2　模　型　构　建

4.2.1　CCUS 技术项目的总投资价值

根据以上分析及假设，燃煤发电厂 CCUS 技术投资净收益为 CCUS 技术项目收益减去成本，不确定条件下燃煤电厂 CCUS 技术的投资价值 ENPV 为净现值

NPV 加上投资 CCUS 技术的延迟实物期权溢价 DV，即

$$ENPV=NPV+DV \tag{4-7}$$

假设运输成本和封存成本分别为 C_T 和 C_S。燃煤电厂 CCUS 技术投资项目的净收益 V 为

$$V = V_1 + V_2 + V_3 - C_r - C_t^1(1-\lambda) - C_t^2 - C_T - (1-\xi)C_S \tag{4-8}$$

将式(4-1)、式(4-3)、式(4-4)和式(4-6)代入式(4-8)有：

$$V = p_e q_e + p_c q_c + \xi p_s q_c - p_r q_r - C_0^1(x_t/x_0)^{-\alpha}(1-\lambda) - C_0^2(x_t/x_0)^{-\beta} - C_T - (1-\xi)C_S \tag{4-9}$$

假定燃煤电厂寿命期为 T 年，在 $t=t_0$ 年开始投资 CCUS 技术装备，C_0^1 为基准 0 年安装 CCUS 技术设备的成本，建设期耗时 0 年，CO_2 捕获系统从 $t=t_0$ 开始投入使用直至电厂寿命期末，C_0^2 为基准年的运营维修成本；r_0 为基准折现率，并假设 CCUS 技术捕获设备的残值为 0。在 t_0 年燃煤电厂投资 CCUS 技术的项目净现值 NPV 为

$$NPV = \sum_{t=t_0+1}^{T}(p_e q_e + p_c q_c + \xi p_s q_c - p_r q_r)(1+r_0)^{t_0-T} - \sum_{t=t_0+1}^{T}[C_0^2(x_t/x_0)^{-\beta}$$
$$+ C_T + (1-\xi)C_s](1+r_0)^{t_0-T} - C_0^1(x_t/x_0)^{-\alpha}(1-\lambda)(1+r_0)^{t_0} \tag{4-10}$$

若采取连续复利方式计息，则令 $e^{r_0}=1+r_0$，可得净现值 NPV 为

$$NPV_{(i,j)} = (p_e q_e + p_{c(i,j)}q_c + \xi p_s q_c - p_r q_r)\frac{1-e^{r_0(t_0-T)}}{e^{r_0}-1}$$
$$-[C_0^2(x_t/x_0)^{-\beta}_{(i,j)} + C_T + (1-\xi)C_S]\frac{1-e^{r_0(t_0-T)}}{e^{r_0}-1} - C_0^1(x_t/x_0)^{-\alpha}_{(i,j)}(1-\lambda)e^{r_0 t_0}$$

$$\tag{4-11}$$

碳交易价格是 CCUS 技术投资面临的主要不确定性，碳交易价格会随机变换成上升和下降两种情况，现在假设燃煤电厂已经安装了 CCUS 技术的 CO_2 捕集装置，则 CCUS 技术投资项目的延迟投资期为燃煤电厂的剩余寿命，将上述 CCUS 技术投资的项目净现值在延迟投资期内依照二叉树模型展开，如图 4-1 所示。

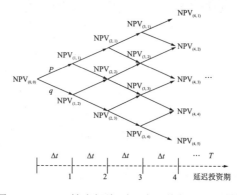

图 4.1　CCUS 技术投资项目净现值的二叉树模型

由图 4.1 可知，CCUS 技术投资延迟期内每个节点的项目净现值经过 Δt 后分别以风险中性概率 p 和 q 变成两种情况，其中 p 为碳排放权价格上升的风险中性概率，由于碳排放权价格遵循几何布朗运动，可通过历史样本数据求得波动率来计算这一风险中性概率 p：

$$p = (e^{r\Delta t} - d) / (u - d) \tag{4-12}$$

$$u = e^{\sigma_c \sqrt{\Delta t}} \tag{4-13}$$

$$d = 1 / u \tag{4-14}$$

$$q = 1 - p \tag{4-15}$$

每个节点处的项目净现值计算公式为

$$\mathrm{NPV} = (p_e q_e + p_c q_c + \xi p_s q_c - p_r q_r)\frac{1 - e^{r_0(t_0 - T)}}{e^{r_0} - 1} -$$

$$[C_0^2 (x_t / x_0)^{-\beta} + C_T + (1 - \xi)C_S]\frac{1 - e^{r_0(t_0 - T)}}{e^{r_0} - 1} - C_0^1 (x_t / x_0)^{-\alpha}(1 - \lambda)e^{r_0 t_0}$$

$$(0 \leqslant i \leqslant n, j \leqslant i + 1) \tag{4-16}$$

按照上述思路，各节点的投资价值为

$$\mathrm{NPV}'_{(i,j)} = \max[\mathrm{NPV}_{(i,j)}, 0] \quad (0 \leqslant i \leqslant n, j \leqslant i + 1) \tag{4-17}$$

对于延迟投资期内的 $0 \leqslant i \leqslant n$，每个节点的最佳策略的取值规则或者 CCUS 技术投资项目价值为

$$\mathrm{ENPV}_{(i,j)} = \max\left\{\mathrm{NPV}'_{(i,j)}, [p\mathrm{NPV}_{(i+1,j)} + q\mathrm{NPV}_{(i+1,j+1)}]e^{-r\Delta t}\right\} \tag{4-18}$$

$$(0 \leqslant i \leqslant n, j \leqslant i + 1)$$

4.2.2　模型投资决策规则

燃煤电厂 CCUS 技术投资项目的延迟期权为美式期权，电厂投资者可以在延迟投资期内的任何时点进行决策投资，因此在每个时点都要比较立即投资和延迟投资的项目价值，选择最优决策。根据式(4-18)，燃煤电厂投资 CCUS 技术的投资价值 ENPV 包括 CCUS 技术投资项目本身的净现值 NPV 和项目延迟期权价值 DV，其投资规则如表 4.1 所示。

表 4.1　燃煤电厂 CCUS 技术投资决策规则

NPV	ENPV	决策
NPV>0	ENPV≥NPV	立即投资
NPV≤0	ENPV>0	延迟投资
NPV<0	ENPV<0	放弃投资

4.3　案 例 分 析

4.3.1　案例描述

现假设以已经修建的超临界 PC 电站为基准电站，对电站投资 CUSS 技术装置进行经济评价。现有一新建成的超临界的 PC 电站寿命 T 为 40 年（陈涛 等，2012），假设已经使用了 10 年，投资者在 2018 年考虑投资 CCUS 技术项目，以 10 年作为 CCUS 技术项目的延迟投资期，使项目建成后能有 20 年左右的运营时间来获得收益，模型的时间步长 t 为 1 年，其燃煤电厂基准参数和基础数据如表 4.2 所示。

表 4.2　燃煤电厂相关参数设定

参数	符号	值	取值说明
年发电量/(kW·h)	q_e	3200×10^6	考察对象为装机容量为 600MW 的超临界火电机组，机组可用因子为 0.75，容量因子为 0.80，按照年发电 8760 h 计算
CCUS 技术装置单位建设成本 /(元·kW^{-1})	UC_0^1	4395.77	参考 Abadie 和 Chamorro 的设定，按 2008 年欧元对人民币平均汇率（1 欧元=10.2227 元）换算为人民币
CCUS 技术装置单位运营维修成本/[元·(MW·h)$^{-1}$]	UC_0^2	13.78	参考 Abadie 和 Chamorro(2008) 的设定，按 2008 年欧元对人民币平均汇率（1 欧元=10.2227 元）换算为人民币
供电耗煤/[g/(kW·h)]	NC	312	根据 2016 年全国火电厂供电标准煤耗设定
捕获系统能耗比例/%	θ	32	根据 IPCC 研究一个配备 CCUS 技术系统的电厂相比同等电厂大约多消耗 24%～40% 的能源的平均值设定（黄建，2012）
捕获系统年耗燃料量/kt	q_r	319.418	根据 $q_r=q_e\times NC\times\theta$ 计算
未安装 CCUS 技术设备时 CO_2 排放率/[kg(kW·h)$^{-1}$]	φ	0.762	根据 IPCC 研究结果折合到 600 MW 的超临界火电机组中（黄建，2012）
安装 CCUS 技术设备后 CO_2 捕获率/%	η	90	根据 IPCC 研究结果折合到 600 MW 的超临界火电机组中（黄建，2012）
CO_2 利用率/%	ξ	20	参考 IPCC 研究数据，CO_2 封存率为 80%（黄建，2012）
售电补贴价格/[元/(kW·h)]	p_e	0.015	根据《燃煤发电机组环保电价级环保设施运行监管办法》中脱硫环保电价设定
工业级 CO_2 价格/(元/t)	p_{s1}	350	根据工业级 CO_2 价格范围为 200～500 元/t 取平均值
食品级 CO_2 价格/(元/t)	p_{s2}	525	根据食品级 CO_2 价格范围为 400～650 元/t 取平均值
核准减排量/kt	q_c	2194.56	根据 $q_c=q_e\times\varphi\times\eta$ 计算
CO_2 封存成本/万元	C_S	7911.39	根据 IPCC 研究，CO_2 封存成本（不包括 EOR）为 0.6～8.3 美元/t（黄建，2012），按照 2005 年 1 元=8.1013 美元换算，CO_2 封存成本为 4.86～67.24 元/t，取均值 36.05 元/t
CO_2 运输成本/万元	C_T	4443.98	根据 IPCC 研究，CO_2 运输成本为 0～5 美元/t（黄建，2012），按照 2005 年 1 元=8.1013 美元换算，CO_2 运输成本为 0～40.51 元/t，取均值 20.25 元/t
CCUS 技术项目的基准折现率/%	r_0	8	一般情况下建设项目的投资回报率
价格波动次数/次	n	10	

其中，本项目中的无风险利率以中国人民银行 1990～2017(2018)年历年经调整的一年期整存整取的存款利率的平均值 r =4.46%作为模型中的无风险利率。

碳交易初始价格 $p_{c(0,0)}$ 取中国 7 个碳交易试点在 2013～2017(2018)年的平均价格 34.64 元/t(根据图 4.2 计算得出)。基于历史样本数据和历史波动率估计方法，得到碳交易价格的波动率 σ_c =0.1594，上升幅度 u=1.1728，下降幅度 d=0.8527，价格上升概率 p=0.6026，下降概率 q=0.3974。基于上述参数得到 CCUS 技术推迟投资期内碳交易价格的二叉树展开，如表 4.3 所示。

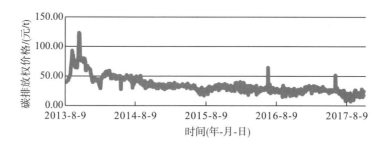

图 4.2　全国 7 个试点省市碳交易平均价格历史数据

表 4.3　延迟投资期内碳交易价格的二叉树展开表

2017 年	2018 年	2019 年	2020 年	2021 年	2022 年	2023 年	2024 年	2025 年	2026 年	2027 年
34.64	40.63	47.65	55.88	65.54	76.86	90.14	105.72	123.99	145.41	170.54
	29.54	34.64	40.63	47.65	55.88	65.54	76.86	90.15	105.72	123.99
		25.19	29.54	34.64	40.63	47.65	55.88	65.54	76.87	90.15
			21.48	25.19	29.54	34.64	40.63	47.65	55.89	65.54
				18.31	21.48	25.19	29.54	34.65	40.63	47.65
					15.62	18.31	21.48	25.19	29.54	34.65
						13.32	15.62	18.31	21.48	25.19
							11.35	13.32	15.62	18.32
								9.68	11.35	13.32
									8.26	9.68
										7.04

燃料价格使用环渤海地区发热量为 5500 大卡动力煤 2010 年 9 月～2017 年 12 月的综合平均价格代表燃煤价格。随着技术进步，燃煤电厂将普遍安装 CCUS 技术设备，安装 CCUS 技术设备的燃煤电厂装机容量不断增大，碳捕集技术的发展遵循与风电发展路径相同，安装 CCUS 技术设备的煤电装机容量按年均增长 11.6%的速度增长(陈霖，2016)，假设在基准年安装 CCUS 技术设备的煤电装机容量为 2017(2018)年 11 月底风电装机容量 15949 万 kW，则 2017～2027 年安装 CCUS 技

术设备的煤电装机容量预测表如表 4.4 所示,CCUS 技术初始投资成本及运营维修成本如表 4.5 所示。

表 4.4　安装 CCUS 技术设备的煤电装机容量预测表

年份	煤电装机容量/万 kW	年份	煤电装机容量/万 kW
2017	15949.00	2023	30811.91
2018	17799.08	2024	34386.09
2019	19863.78	2025	38374.88
2020	22167.98	2026	42826.36
2021	24739.46	2027	47794.22
2022	27609.24	—	—

表 4.5　CCUS 技术初始投资成本及运营维修成本

年份	x_t/x_0	$(x_t/x_0)^{-\alpha}$	$(x_t/x_0)^{-\beta}$	C_t^1/万元	C_t^2/万元
2018	1.12	0.98	0.96	258471.08	4233.22
2019	1.25	0.96	0.92	253196.16	4056.83
2020	1.39	0.95	0.89	250558.70	3924.54
2021	1.55	0.93	0.85	245283.78	3748.16
2022	1.73	0.91	0.82	240008.86	3615.87
2023	1.93	0.90	0.79	237371.40	3483.58
2024	2.16	0.88	0.76	232096.48	3351.30
2025	2.41	0.86	0.73	226821.56	3219.01
2026	2.69	0.85	0.70	224184.10	3086.72
2027	3.00	0.83	0.67	218909.18	2954.43

4.3.2　燃煤电厂 CCUS 技术投资的 NPV 方法与实物期权法的对比分析

1. NPV 法下的项目净现值

基于表 4.1～表 4.5 的数据,再根据式(4-18)计算燃煤电厂投资 CCUS 技术延迟实物期权内的各节点上的净现值。在政府全部补贴(λ=1)和不考虑延迟实物期权价值的情况下,投资期内各节点项目净现值如表 4.6 所示,2017 年燃煤电厂投资 CCUS 技术的净现值为-28270.15 万元,由于碳交易价格存在上升和下降两种情况,2018 年项目的净现值分别为-10389.84 万元和-39591.00 万元,从净现值的投资规则可知,在这两种情况下燃煤电厂都是不能进行投资的,应放弃。同理,2019～

2027 年各节点上的净现值只要大于零，燃煤电厂就可以进行投资，并且可以获益，若净现值小于零，燃煤电厂为了避免损失应放弃投资。

表 4.6　燃煤电厂 NPV 法的 CCUS 技术项目投资净现值　　　　　　（单位：万元）

2017 年	2018 年	2019 年	2020 年	2021 年	2022 年	2023 年	2024 年	2025 年	2026 年	2027 年
-28270.15	-10389.84	10112.30	33149.40	59758.44	90514.70	125026.99	166321.29	212087.89	267680.46	329145.76
	-39591.00	-23792.36	-6613.98	13634.26	36420.26	62232.95	92676.44	126682.65	167517.20	212900.09
		-48443.19	-35524.48	-19900.95	-2909.83	16577.70	39131.96	64587.63	94692.16	128382.11
			-56544.25	-44283.17	-31505.30	-16616.57	201.73	19440.61	41743.74	66932.17
				-62010.59	-52296.02	-40750.90	-28103.02	-13384.13	3246.87	22254.17
					-67412.20	-58298.10	-48682.37	-37249.81	-24742.79	-10229.57
						-71056.02	-63644.86	-54601.67	-45093.05	-33847.31
							-74523.54	-67217.57	-59888.98	-51018.90
								-76390.13	-70646.56	-63503.74
									-78468.00	-72581.01
										-79180.76

当政府补贴比例以 10% 的梯度不断增大到 100% 时，投资项目的净现值如表 4.7 所示。由表 4.7 中的数据可见，在碳交易价格为 34.64 元/t 的情况下，不管政府补贴多少，燃煤电厂投资 CCUS 技术都会亏损，表示此时不适合投资。

表 4.7　不同政策补贴比例下燃煤电厂投资 CCUS 技术项目净现值

政策补贴比例/%	项目净现值/万元	政策补贴系数/%	项目净现值/万元
0	-292016.15	60	-133768.55
10	-265641.55	70	-107393.95
20	-239266.95	80	-81019.35
30	-212892.35	90	-54644.75
40	-186517.75	100	-28270.15
50	-160143.15	—	—

由净现值的投资规则可知，令项目净现值为零时的碳交易价格就是项目投资的临界条件，净现值决策规则下燃煤电厂投资 CCUS 技术项目的碳交易价格临界值如表 4.8 所示。当政府补贴逐渐增高时，碳交易临界价格逐步降低，说明政府补贴可以弥补部分成本。在不同政府补贴的情况下，当碳交易价格大于相应的临界条件时，电厂就可以进行投资，反之，当碳交易价格小于相应的临界条件时，电厂不可以进行投资。

表 4.8　净现值决策规则下燃煤电厂投资 CCUS 技术项目的碳交易价格临界值

政府补贴比例/%	碳交易临界价格/(元/t)	政府补贴比例/%	碳交易临界价格/(元/t)
0	145.52	60	85.43
10	135.51	70	75.42
20	125.49	80	65.40
30	115.48	90	55.39
40	105.46	100	45.37
50	95.45	—	—

2. 实物期权法下的项目总投资价值

表 4.9 的结果是当政府全补贴($\lambda=100\%$)时，根据式(4-18)和表 4.8 的数据计算出来的项目总投资价值，2017 年投资 CCUS 技术的项目价值为 30628.57 万元，但是净现值小于零，故该项目是不可以立即投资的，需要等待合适时机投资才能获得更多回报。从 2017～2027 年的结果看，2017～2026 年的保存路径比例都高于 50%，可见 2017～2027 年项目的总投资价值都高于净现值，这是因为与传统投资决策方法相比，实物期权法具有管理柔性，能将项目面临的不确定性转化成价值。

表 4.9　燃煤电厂实物期权法的 CCUS 技术项目投资价值　　　　　　　　（单位：万元）

2017 年	2018 年	2019 年	2020 年	2021 年	2022 年	2023 年	2024 年	2025 年	2026 年	2027 年
30628.57	41040.24	54288.88	70866.81	91271.66	116008.97	145624.63	180774.59	222313.56	271341.59	329145.76
	18201.54	25442.30	35077.08	47641.51	63673.17	83669.73	108068.93	137296.82	171929.18	212900.09
		9236.40	13640.36	19884.30	28556.68	40310.94	55786.53	75484.26	99650.05	128382.11
			3592.58	5695.31	8947.02	13899.94	21296.61	32051.02	47098.53	66932.17
				812.73	1410.99	2449.63	4252.84	7383.40	12818.40	22254.17
					0.00	0.00	0.00	0.00	0.00	0.00
						0.00	0.00	0.00	0.00	0.00
							0.00	0.00	0.00	0.00
								0.00	0.00	0.00

表4.10 中的数据是项目在不同政府补贴比例下用实物期权法计算出来的总投资价值和碳交易临界价格。当补贴比例为 0～30%时，项目的总投资价值为零，净现值为零，根据投资规则，此时燃煤电厂不能立即和延迟投资，当放弃投资；当政府补贴比例为 40%～100%时，项目的总投资价值大于零，这时燃煤电厂应该等待合适的时机投资 CCUS 技术。在不确定条件下燃煤电厂投资 CCUS 技术的规则表示当净现值大于零，并且等于项目总投资价值时可以立即投资，这就是实物期权法下燃煤电厂投资 CCUS 技术的临界条件，在延迟投资期内的不同政府补贴政策下的燃煤电厂投资 CCUS 技术项目总投资价值如表 4.10 所示。

表 4.10　不同补贴政策下的燃煤电厂投资 CCUS 技术项目总投资价值

政府补贴比例/%	总投资价值/万元	碳交易临界价格/(元/t)	政府补贴比例/%	总投资价值/万元	碳交易临界价格/(元/t)
0	0.00	205.38	60	1010.76	134.54
10	0.00	193.67	70	2515.28	121.36
20	0.00	181.25	80	6491.99	108.85
30	0.00	170.03	90	14510.67	96.46
40	145.71	158.92	100	30628.57	84.58
50	341.95	146.27	—	—	—

3. 两种决策规则下的投资区域

两种决策规则下的投资区域比较如图 4.3 所示，其中虚线为 2013～2017 年 11 月份 7 个试点碳交易省市的平均价格，灰色实线为净现值法的投资临界条件，黑色实线为延迟实物期权法下的投资临界条件。从图 4.3 中可以看出，净现值法和实物期权法下的投资碳交易临界价格和政府补贴的比例成反比，当政府补贴比例

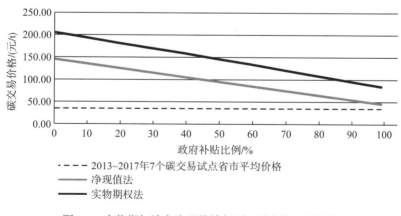

图 4.3　实物期权法和净现值法规则下的投资区域比较

从 0 到 100%的时候，碳交易市场价格在实物期权法的投资临界线的上方时，燃煤电厂应该立即投资，因为此时项目的净现值和实物期权下的项目总投资价值都大于零，若此时投资，企业是有收益的。当碳交易市场价格在实物期权法的投资临界线和净现值法的投资临界线中间时，此时也应该投资，但要投资到碳交易价格上升到实物期权临界线的上方为止，因为此时项目净现值大于零。当碳交易市场价格在净现值法临界线的下方时，此时燃煤电厂应该放弃投资，因为此时净现值和项目总投资价值都小于零，等到碳交易价格上升到足以投资的时候才能投资。

4.3.3　CCUS 技术投资成本影响分析

现假设 CCUS 技术的投资成本以 10%的梯度分别在现在的基础上提高至 50%和降低至 50%，图 4.4 为在不同的政府补贴比例时 CCUS 技术投资成本变动下的总项目价值变化趋势。从图 4.4 可以看出，随着政府补贴比例的提高，燃煤电厂在投资成本变动的范围内能投资的区域越广，当政府补贴比例大于 80%时，即使投资成本上升到当前水平的 50%，燃煤电厂也是可以进行投资的，因为此时的总投资价值远远大于零，但还是应该等到碳交易上升到一定水平才可以投资。

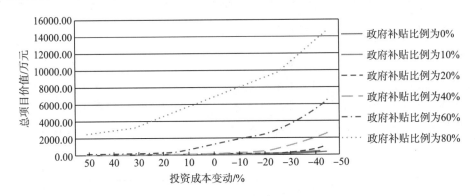

图 4.4　投资成本变动下的总项目价值

接下来看每一个成本水平可以立即投资的碳交易临界条件，图 4.5 直观显示出碳交易临界价格变化规律，政府补贴比例越高，投资成本变动下的碳交易临界价格就越低，在同一水平的成本时，政府补贴比例越高，临界价格就越低，反之越高。这表示成本的降低和政府补贴比例的提高都可以降低燃煤电厂投资的要求，即在碳交易价格比较低的情况下就可以投资。

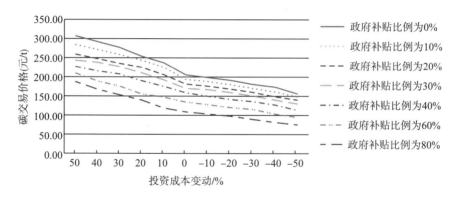

图 4.5　投资成本变动对应的碳交易临界价格

4.3.4　CO_2 利用比例的影响分析

燃煤电厂 CCUS 技术捕集到的 CO_2 用于资源利用和封存，利用带来的收益可以补偿一部分投资成本，CO_2 利用比例是燃煤电厂投资 CCUS 技术项目收益的另一个重要影响因素。现以 5%为梯度，计算当 CO_2 利用比例增加到 50%时燃煤电厂在各种政府补贴比例下项目总投资价值的变化趋势，从图 4.6 中可得，CO_2 利用的比例越高，项目总价值也越高，在同一利用比例下，政府补贴比例越高，总项目投资也越高。

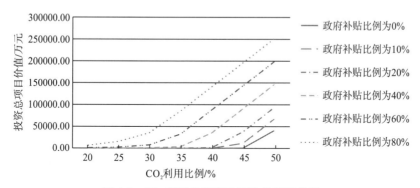

图 4.6　CO_2 利用比例变动下的总项目价值

用同样的方法以 5%为梯度，计算 CO_2 利用比例增加到 50%时各种政府补贴比例下投资的碳交易临界价格，趋势如图 4.7 所示。随着 CO_2 利用比例的逐步增大，燃煤电厂投资 CCUS 技术的临界条件越低，反之则越高。值得注意的是，各种政府补贴比例在 CO_2 利用比例逐渐增大的情况下，碳交易临界价格都会下降到 34.64 元/t，当政府补贴比例越高，达到 34.64 元/t 时，临界价格的速度下降越快，这也表明了在这几种情况下，燃煤电厂可以立即进行投资。

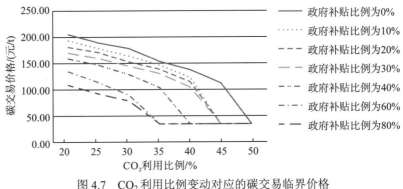

图 4.7　CO_2 利用比例变动对应的碳交易临界价格

4.4　本 章 小 结

本章在 CO_2 捕集和封存环节的基础上，纳入了 CO_2 利用环节；在碳交易价格不确定条件下分析了燃煤电厂 CCUS 技术的投资特性，根据投资性质选择适合的实物期权法，计算出燃煤电厂投资 CCUS 技术考虑政府补贴的净现值和实物期权价值，并在给出净现值规则和实物期权规则的投资临界值条件下比较了两种方法的投资区域。同时在政策补贴比例、CCUS 技术投资成本和 CO_2 利用比例方面做了敏感性分析，政策补贴比例和 CO_2 利用比例越高，燃煤电厂投资 CCUS 技术的投资临界条件要求就越低，反之就越高；CCUS 技术投资成本增加，碳交易的临界价格就越高，反之越低。

根据以上分析结果，本章提出建议：①完善和发展碳排放交易市场；②给予适当的财政支持，燃煤电厂投资 CCUS 技术成本高昂，但是我国 7 个碳交易试点省市平均价格为 8.30~50.75 元/t，碳交易收益不能理想地抵消高昂的投资成本，只有政府给予适当的补贴才能在我国普遍推广 CCUS 技术；③促进 CCUS 技术发展；④提高 CO_2 资源化利用比例。

本书对于燃煤电站的 CCUS 技术投资决策具有重要参考价值，但由于目前已有的 CCUS 技术项目尚未达到大规模商业化应用的程度，相关案例和数据较缺乏，因此，本书虽然包含一些不确定因素，但仍有其局限性，如未考虑 CCUS 技术项目不同阶段的不同期权特性等，该问题需要在今后的研究中进行进一步的探讨。

第5章 基于实物期权分析的 CCUS 技术投资政策激励

5.1 引　　言

全球变暖是人类可持续发展的最大挑战之一，温室气体排放量增加是气候变暖的最重要原因，其中 CO_2 的增加比例高达 75%。燃煤发电作为 CO_2 排放的重要来源，在中国电力发展中起着主导作用。为了保持当前的能源结构，如何快速有效地减少燃煤发电产生的 CO_2 排放并降低空气中的 CO_2 含量一直是世界关注和研发的重点。作为世界上最有潜力的新兴减排技术之一，碳捕集、利用和封存（CCUS）技术有助于实现零碳排放（胡秀莲和苗韧，2014）。因此，CCUS 技术被认为是全球应对气候变化并从根本上解决电力行业碳排放问题的重要战略选择。

然而，CCUS 技术目前仍处于示范阶段，全球仅建有 38 个大型 CCUS 项目（陈文颖 等，2004），这主要是由于投资成本高、能耗高、长期安全性要求高等原因造成的。因此，有必要建立包括各种不确定因素在内的适当的 CCUS 技术投资评价模型，以正确评价 CCUS 投资，为中国燃煤电厂投资提供决策支持。

关于 CCUS 技术的大量研究主要集中在对 CCUS 技术的改进（国际能源署，2008）、CO_2 地下存储（IPCC，2005）、管道设计（于强，2010）和 CO_2 的资源利用（张华静和李丁，2014）等方面，对 CCUS 技术投资的障碍分析也可以在最近的研究中获得（周响球，2008；Miracca et al.，2005；牛红伟 等，2014）。上述文献表明，目前限制 CCUS 技术大规模部署的主要问题是 CCUS 技术的投资成本高、融资难度大、政府补贴不足、碳价市场波动大、碳交易价格低。因此，CCUS 技术推广和商业化将面临巨大的成本压力（Damen et al.，2006）。为了刺激 CCUS 技术投资并迅速进行 CCUS 技术的大规模部署，有必要对 CCUS 技术投资进行评估和探索。

在 CCUS 技术投资评估方面，越来越多的学者使用实物期权法评估 CCUS 技术投资的价值并得出了许多有意义的结论，从而使 CCUS 技术投资具有不可逆性、不确定性和管理灵活性。Abadie 和 Chamorro（2008）建立了碳排放约束下超临界燃煤电厂 CCS 技术投资的四级树模型，并计算了该项目的期权价值，得出了碳排放权价格对火电厂 CCS 技术投资的关键价值和策略。通过对碳价波动、政府补贴、投资成本和其他因素的敏感性分析表明，按照欧洲目前的碳交易价格，燃煤电厂不适合投资 CCS 技术。Zhang 等(2014)建立了三叉树实物期权模型来估计 CCS 技术在燃煤电厂的投资价值,获得了不同补贴率和电厂寿命下碳交易的临界价格,并给出了最佳的投资触发条件。假设煤炭价格和碳排放权受制于一个随机过程,常凯等(2012)将燃煤电厂的 CCS 技术投资项目分为示范阶段和商业阶段,并建立了两阶段的复合实物期权框架评估 CCS 技术的科学投资决策。Cristóbal 等(2013)提出了一种两阶段随机混合整数线性规划方法(MILP)来评估碳交易价格和技术进步不确定性的 CCS 技术投资项目的价值,其中目标函数包括期望利润方程和金融风险方程。在多重不确定性的条件下,陈涛等(2012)建立了电厂投资和 CCS 技术投资的两阶段投资决策模型,并通过改型方案估算了 CCS 技术的投资价值,结果表明,改造方案提高了燃煤发电价值,降低了发电投资门槛。Blyth 等(2007)使用实物期权方法估算了气候政策不确定性下燃煤电厂 CCS 技术投资项目的价值,分析表明,政策不确定性会增加该项目的期权费,并在模型中给出了碳交易的临界价格对煤电厂 CCS 技术投资的影响。考虑到技术进步和燃油价格的不确定性,Fuss 等(2008)建立了 CCS 技术用于燃煤电厂投资的实物期权模型,并通过蒙特卡洛模拟方法获得了 CCS 技术的最佳投资门槛。此外,Zhu 和 Fan(2011)将四个不确定因素(碳价、电价、投资成本和运营成本)纳入了离散序列投资决策模型,并使用最小二乘蒙特卡罗模拟方法估算了投资 CCUS 技术在燃煤电厂中的应用价值。他们指出,运营和维护成本是影响 CCS 技术改造投资的最重要因素。基于上述文献,Li 等(2015)将燃料价格、碳交易价格和 CCS 技术等不确定因素整合到三维低碳电力规划模型中,计算结果表明,较高的碳交易价格可以为燃煤 CCS 技术的投资带来好处,但较高的燃料价格会降低收益。Zhou 等(2010)认为,CCS 技术是缓解中国当前能源结构与减少 CO_2 排放量需求之间矛盾的潜在技术选择。本书采用实物期权法考虑政策不确定性对 CCS 技术投资的影响,其中政策不确定性通过碳价格的不同情景来描述。该模型得出了最优的 CCS 技术投资策略,并讨论了不确定的环境政策对决策过程的影响。Guo 等(2018)从发电公司的角度综合考虑了基于实物期权法的碳税、投资补贴和清洁电价的投资激励政策,并创新地引入清洁电价作为政策变量,以研究 CCS 技术的最佳投资策略。根据碳价的历史波动性,通过数值模拟中政策参数的变化,探讨了不同政策对临界碳价的影响。调查结果表明,政府现阶段必须增加投资激励措施,以鼓励公司投资 CCS 技术项目(陈霖,2016)。在供应链的框架中,Wang 和 Qie(2018)研究了 CCS 技术项目的投资门槛,克服了以往个人投资者研究的局限性,在他们的论文中,首先提出了集中决策情景下的实物期权分析模型,然后通过结合实物期权理论和博弈论以及两层供应链情景下的 CCS 技术投资阈值对模型进行了扩展,经过测试,上述研究证明了实物期权法在 CCUS 技术投资中的优势,并研究了电价、碳价、能源价格、技术进步和政府补贴等相关不确定参数对投资策略的影响(孙亮 等，2013)。

但是，上述文献忽略了碳价底价政策在 CCUS 技术投资中的激励作用。由于气候政策的不确定性，碳价格随碳交易市场环境的变化而变化，这增加了投资成本和风险，并阻碍了对低碳技术的投资。因此，设定碳排放底价会降低投资者在低碳技术上的投资成本，确保投资者的最低回报率，并降低未来获利能力的不确定性，从而加速对低碳排放技术的投资。一些研究表明，碳价底限的设计可以有效地激励发电企业投资减排技术(Sun and Chen，2015；苏豪 等，2015)，例如，考虑到发电和碳价格的双重不确定性，Zhang 等(2014)、Chen 等(2016)用发电行业的碳价格下限评估了 CCS 技术投资，并研究了碳价格下限、政府投资补贴和税收减免对碳价格下限的影响，通过数值模拟确定发电企业对 CCS 技术的最佳投资时机，调查结果表明，即使补贴很高且碳价格底限很低，发电公司的投资者也不会进行 CCS 技术投资(Li et al.，2014)。

因此，本书的目的是在实物期权分析的基础上构建二叉树模型，通过将碳价格、电价、技术进步、政府激励政策等不确定因素纳入其中，分析中国的 CCUS 技术投资。该模型将通过中国的案例研究评估 CCUS 技术投资，并根据案例研究中的计算分析提出相应的政策含义和建议。

基于当前 CCUS 技术不成熟、CCUS 技术投资态度不活跃的投资环境，政府的激励措施对刺激低碳技术的发展起着非常重要的作用。因此，我们讨论了两种不同的政策激励措施对 CCUS 技术投资决策的影响，分别是政府投资补贴和具有碳价底价的投资补贴，并得出以下结论：

①根据碳市场当前的交易价格，无论政策补贴多少，企业都会持有延迟期权直到到期，并且不会进行投资；

②结合政策补贴和碳价下限，可以刺激企业立即投资 CCUS 技术，随着政府补贴的增加，碳价底限也随之降低；

③根据数值分析确定不同政府补贴下的最优碳底价。

5.2　方　法　论

燃煤电厂 CCUS 技术的投资具有投资不可逆、投资收益不确定、技术进步、投资风险高的特点，使得燃煤电厂 CCUS 技术的投资决策具有实物期权的特点。当考虑 CCUS 技术投资项目的期权价值时，项目未来收益的不确定性越大，实物期权的期权价值就越大。因此，本章将基于二叉树的实物期权分析引入投资项目，并构建燃煤电厂 CCUS 技术的投资决策模型。实物期权法适用于不确定环境下的投资决策评估，其实质在于管理的灵活性，这表明燃煤企业的决策者在政府政策、煤炭等不确定性条件下行使投资决策的选择不同。

在燃煤电厂 CCUS 技术项目的运行期中,假设投资者都是理性的,项目投资者将利用燃煤电厂的经济利益最大化进行决策。从燃煤发电企业的投资者的角度来看,决策者可以将问题描述为投资期内预期折现利润总额的最大化。总投资成本(现金流出)主要包括 CCUS 技术的初始投资成本、运营和维护成本、由于捕集系统而增加的燃料消耗成本、运输成本和存储成本,现金流入主要包括碳交易市场中的电力销售收入、CO_2 利用收入和碳减排收入。因此,CCUS 技术对燃煤电厂的技术投资的净收益可以表示为

$$\text{Net benefits} = p_e \cdot q_e + p_c \cdot q_c + V_{cu} - C_r - (1-\lambda)C_I - C_{O\&M} - C_T - (1-\xi)C_S \quad (5-1)$$

式中,p_e 表示电价[元/(kW·h)],q_e 是假设每年的生产能力是固定的情况下燃煤电厂的年发电量,p_c 是碳交易市场中的碳价格(元/t),q_c 是燃煤电厂的核证减排量(t),V_{cu} 是每年 CO_2 的利用收入(元),C_I 表示 CCUS 技术的初始投资成本(元),λ 是政府对初始投资成本的补贴比例(%),$C_{O\&M}$ 是运维成本(元),C_T 是指从燃煤电厂到储存站的 CO_2 的运输成本,C_S 代表储存站中的 CO_2 封存成本,CO_2 的利用率为 ξ (%),C_r 是 CCUS 技术投资(RMB)后增加的燃油消耗成本。

CO_2 利用价格是指消费市场中 CO_2 的价格,而中国不同地区的 CO_2 利用价格差异很大。

假设工业 CO_2 的售价为 p_{s1},而食品 CO_2 的售价为 p_{s2},则 CO_2 利用率的平均价格可以表示为

$$p_s = (p_{s1} \times 80\% + p_{s2} \times 20\%) \quad (5-2)$$

假设 q_c 表示每年燃煤电厂的认证减排量,CO_2 的利用率为 ξ,然后 CO_2 的使用收入描述如下:

$$V_{cu} = \xi q_c p_s \quad (5-3)$$

CCUS 技术的投资成本包括燃煤电厂的 CO_2 捕集系统的设计、购置捕集设备、购置 CO_2 吸附剂等。另外,CCUS 技术的运行和维护成本包括捕获系统运行期间的吸附材料和维护费用。

燃煤电厂 CCUS 技术项目投资的不确定性主要是由于技术进步对成本的影响。首先,对燃煤电厂 CCUS 技术的投资将影响电厂的发电能力、运营成本和能源消耗成本。其次,燃煤电厂的安装规模和所采用的技术在碳捕集系统的投资和运营成本上有很大的不同。结合以上两点,由于成本的不确定性,CCUS 技术的不确定性将影响 CCUS 技术项目的总投资价值。尽管 CCUS 技术已经得到不断发展和证明,并且已经积累了许多数据和技术经验,但目前阻碍燃煤电厂 CCUS 技术投资的最重要因素仍然是其高昂的成本。

假定在 CCUS 技术投资过程中存在学习效果,且投资成本随学习效果而变化。

Arrow 和 Fisher(1974)建立了一个 LBD(learning by doing，学习实践)模型，该模型描述了单位产出平均成本的降低、产出的增加或劳动经验的积累。

　　大多数研究结果表明，光伏发电和风力发电等新能源产业也符合学习曲线模型。目前，CCUS 技术仍处于演示阶段，根据目前的发展速度，研究表明 CCUS 技术可能要到 2020 年以后才能得到广泛推广。CCUS 技术示范阶段将积累经验，从而降低 CCUS 技术在燃煤电厂中的投资成本以及运营和维护成本。因此，假设 CCUS 技术用于燃煤电厂的初始投资成本为 C_0^1，投资后的初始运营和维护成本为 C_0^2，经过技术进步，历经数年，燃煤电厂投资项目的建设成本为 C_I，运营和维护成本为 $C_{O\&M}$，技术的改进逐渐降低了 CCUS 技术的成本，因此投资成本以及运营和维护成本不确定。由于影响投资成本及运营和维护成本的技术学习率不同，因此两种类型的成本分别可以表示为

$$C_I = C_0^1 \left(\frac{x_t}{x_0} \right)^{-\alpha} \tag{5-4}$$

$$C_{O\&M} = C_0^2 \left(\frac{x_t}{x_0} \right)^{-\beta} \tag{5-5}$$

式中，x_t 和 x_0 分别是燃煤电厂安装 CO_2 捕集设备后 t 年的累计装机容量和基准年的累计装机容量。鉴于燃煤电厂的规模，该行业安装 CO_2 捕集设备的累计能力取代了单个燃煤电厂的累计能力。学习能力参数分别反映了技术进步对投资成本和运营和维护成本的影响。

　　燃煤电厂在投资 CCUS 技术之后，需要额外的能耗来支持 CO_2 捕集设备。假设煤炭消耗量代表电厂 CCUS 技术系统的能耗，配备了 CCUS 技术系统的发电厂比没有配备 CCUS 技术系统的发电厂的同一发电厂要消耗更多的能源(约为 10%～40%)(陈俊武 等，2015)。根据相关数据，中国燃煤电厂的生产成本中有 80%来自煤炭。因此，可以合理地假设煤炭消耗取代了电厂 CCUS 技术系统中的额外能源消耗，其中煤炭价格是 p_r，并且每年为捕获系统运行所添加的燃料量为 q_r，那么额外的燃油消耗成本为 C_r [具体说明见式(4-6)]。

　　由于超过 40%的企业在其长期投资决策中会考虑碳价的影响，因此碳交易市场中的碳价是影响 CCUS 技术对发电企业投资收益的重要因素之一。为了便于分析，假设燃煤电厂碳捕集后剩余的碳配额可以在市场上交易，交易成本为零，因此碳交易价格是对碳交易的主要影响。由于全国统一碳交易市场处于初步建立阶断，碳交易市场具有很大的不确定性和随机性，并且将来会随着碳需求而波动。大多数研究表明，碳价 p_c 遵循非平稳随机过程，服从几何布朗运动(Seevam et al.，2008；陈霖，2016；孙亮 等，2013)[各参数之间的具体关系式(4-2)]。

5.2.1 CCUS 技术投资的净现值

假设燃煤电厂的使用寿命为 T 年，则对 CCUS 技术的投资始于 $t = t_0$，建设时间为一年。CCUS 技术系统从燃煤电厂的使用寿命开始到使用寿命结束，换句话说，CCUS 技术系统的运行时间是从 $t_0 + 1$，在此期间，投资者可以评估每年的项目价值，并在每年年初决定是否投资。假设基本折现率为 r_0，到燃煤电厂的使用寿命结束时，CCUS 技术捕获设备的剩余价值为零。CCUS 技术投资的净现值描述参见式(4-10)。

如果采用连续复利，即 $e^{r_0} = 1 + r_0$，净现值 NPV 计算方法可参见式(4-11)。

5.2.2 基于二叉树模型的实物期权分析

实物期权法具有管理灵活性，并考虑了燃煤电厂 CCUS 技术投资的时间价值。延迟期权价值表示由燃煤电厂 CCUS 技术投资中碳价格不确定性带来的期权价值。我们首先采用二叉树模型来模拟碳交易价格的过程，并假设初始碳价格为 $p_c(0,0)$，时间步长是 Δt，而且每个时间步长都有两个可能的碳价。$p_c(0,0)$ 根据特定因子 u 以风险中性概率 p 上升到 $p_c(1,2)$，或者以 q 下降至 $p_c(1,2)$，其中 $p+q=1$，$u \geqslant 1$。使用波动率来计算上升和下降因素 σ_c，时间步长为 Δt，无风险利率 r 和中性概率 p 可以表示为

$$p = \frac{e^{r\Delta t} - d}{u - d} \tag{5-6}$$

式中，$u = e^{\sigma\sqrt{\Delta t}}$，$d = \frac{1}{u}$。

根据以上思路，可以计算出每个周期中每个二叉树节点的投资价值：

$$\text{NPV}'_{(i,j)} = \max[\text{NPV}_{(i,j)}, 0] \quad (0 \leqslant i \leqslant n, i \leqslant j+1) \tag{5-7}$$

当 CCUS 技术投资的净现值在节点的投资价值为负值时，投资者将不进行投资，等到净现值变为正值时，净现值即为 CCUS 技术投资中的投资价值。

从最后一个节点到当前节点，逐步计算包含实物期权的不确定性下 CCUS 技术用于燃煤发电的总投资价值 ENPV，表示如下：

$$\text{ENPV}_{(i,j)} = \max\{\text{NPV}'_{(i,j)}, [p\text{NPV}_{(i+1, j)} + q\text{NPV}_{(i+1, j)}]e^{-r\Delta t}\}$$

$$(0 \leqslant i \leqslant n, j \leqslant i+1) \tag{5-8}$$

总体而言，对燃煤电厂 CCUS 技术的投资被认为是美国的看涨期权，并且只有在带来正收益的情况下才能行使。根据实物期权理论，总投资价值包括净现值加上延迟的实物期权价值，即

$$ENPV=NPV+ROV \tag{5-9}$$

式中，ENPV 是投资燃煤电厂的 CCUS 技术项目的总投资价值，NPV 是投资项目的净现值，ROV 表示该项目的延迟实物期权价值。

通常，计算过程总结如下。

步骤 1：计算 CCUS 技术投资的二叉树中每个节点的碳价格，包括递延期权。以当前的碳价格为基准价格，分别乘以 u 或 d，这两个参数是从历史数据中获得的。

步骤 2：将步骤 1 中获得的每个节点处的碳价格引入到 NPV 的表达式中，并根据等式计算每个节点处 CCUS 技术投资的 NPV。

步骤 3：根据式(5-11)，决策是在每个节点上根据正或负 NPV 进行决策的。当净现值为负时，表示投资者放弃了投资。

步骤 4：根据式(5-12)，使用倒数递归方法逐步计算从上一时间步到当前时间步的包含延迟期权的投资价值，得到的当前 ENPV 为总价值加上延迟期权价值。根据式(5-9)，计算出 CCUS 技术投资的延迟实物期权价值 ROV。

5.2.3　燃煤电厂 CCUS 技术的投资决策规则

根据 CCUS 技术投资的特点，采用延迟实物期权对燃煤电厂 CCUS 技术的投资项目进行评估。延迟实物期权被视为美国的看涨期权，它允许燃煤电厂的投资者在该期权的有效期内的任何适当时间进行投资。因此，有必要计算投资项目在任何可能的投资点的总投资价值，然后将其与每个节点的投资价值进行比较，最终决定是立即投资还是延迟投资。根据实物期权法，CCUS 技术项目的总投资价值包括投资项目本身的净现值 NPV 和项目延迟实物期权价值 ROV，如式(5-9)所示。

燃煤电厂 CCUS 技术的投资决策规则如表 5.1 所示。根据表 5.1，本书选择了两种方案来执行延迟选项，即项目的 NPV＞0 或 NPV≤0 且 ENPV＞0。

表 5.1　燃煤电厂的 CCUS 技术投资决策规则

NPV	ENPV	决定
NPV＞0	ENPV＞NPV	投资延迟
NPV＞0	ENPV=NPV	立即投资
NPV≤0	ENPV＞0	投资延迟
NPV＜0	ENPV＜0	放弃投资

当项目的 NPV>0 并且项目的 ENPV=NPV 时，燃煤电厂的投资者应立即进行投资，这也是煤炭投资的关键条件。只有 NPV 和 ENPV 都小于 0，CCUS 技术投资才会被放弃。

5.3　CCUS 技术在华投资案例研究

5.3.1　案例描述

超临界和超超临界燃煤发电机组是中国燃煤发电的未来发展趋势。假设现有的超临界燃煤机组 PC 基准电站已经投入运行，在国家碳减排政策的约束下，政府要求燃煤电厂进行碳减排。燃煤电厂进行碳减排有两种选择，一种是当碳排放量超过限制的碳配额时，发电厂需要在全国统一的碳交易市场上购买碳配额，但总生产成本会增加；另一种是燃煤电厂通过投资 CCUS 技术来减少碳排放，并出售政府在碳交易市场中设定的碳配额，以弥补投资成本。本节假设燃煤电厂选择投资 CCUS 技术来减少碳排放，然后评估其经济可行性。超临界燃煤电厂的使用寿命为 40 年，燃煤电厂已建设 10 年，投资者将在 2018 年考虑投资 CCUS 技术项目。假设延迟实物期权的到期时间为 10 年后，对 CCUS 技术进行投资后，投资项目仍有 20 年的运行时间，模型的时间步长为 1 年。

5.3.2　数据收集与碳价参数估算

表 5.2 列出了燃煤电厂的基准参数和基础数据，包括参数、符号、参数值和说明。

表 5.2　燃煤电厂的基准参数和基本数据

参数/单位	符号	值	说明
燃煤电厂寿命/年	T	40	参考国际能源署(2008)、毕新忠和沈海滨(2011)
年发电量/(kW·h)	q_e	3200×106	检查对象是装机容量为 600MW 的超临界火电机组。该设备的可用系数为 0.75，容量系数为 0.80，年发电时间为 8760 h
CCUS 技术单位建设成本/(元·kW^{-1})	UC_0^1	4395.77	参照陈霖(2016)的研究
CCUS 技术机组运行维护成本/(MW·h^{-1})	UC_0^2	13.78	参考陈霖(2016)的研究，2008 年欧元对人民币的平均汇率为 1 欧元=10.22727，将其转换为人民币
安装 CCUS 技术设备后的 CO_2 捕获率/%	η	90	根据 IPCC 研究结果转换为 600 MW 超临界火电机组

续表

参数/单位	符号	值	说明
CO_2 利用率/%	ξ	20	根据 IPCC 的研究数据，CO_2 的储存率为 80%
售电补贴价/[元/kW・h]	p_e	0.015	参考《燃煤发电机组环保电价及环保设施运行监管办法》
影响投资成本技术学习能力参数的因素	α	0.168	参考汤勇等(2015)的研究
对运营维护成本的影响技术学习能力参数	β	0.358	参考汤勇等(2015)的研究
工业级 CO_2 价格/(元/t)	p_{s1}	350	工业 CO_2 价格区间为 200~500 元/t
食品级 CO_2 价格/(元/t)	p_{s2}	525	食品级 CO_2 价格区间为 400~650 元/t
批准的减排量/($\times 10^3$t)	q_c	—	IPCC (2005)
CO_2 封存成本/万元	C_S	7911.39	根据 IPCC 研究，CO_2 封存成本(不包括 EOR)为 0.6~8.3 美元/t(Johnson，2002)，按 2005 年的 1 美元=8.1013 元计算，CO_2 封存成本为 4.86~67.24 元/t。取均价 36.05 元/t
CO_2 运输成本/万元	C_T	4443.98	根据 IPCC 研究，CO_2 运输成本为 0~5 美元/t(Johnson，2002)，按 2005 年 1 美元=8.1013 元换算，CO_2 运输成本为 0~40.51 元/t，平均值为 20.25 元/t
CCUS 技术项目的基准折现率/%	r_0	8	正常情况下建设项目的投资回报率
无风险利率/%	r	—	—
价格波动/次	n	10	—

　　关于碳价参数估算，由于自 2017 年底启动全国统一碳交易市场以来，目前尚无代表全国碳交易价格的数据，因此碳交易价格的波动性只能用价格估算碳交易市场的数据。全国 7 个碳交易试点省市已于 2013 年逐步启动，可以获取这 7 个碳交易试点省市 2013 年 8 月~2017 年 11 月每个交易日的价格。2013 年 8 月~2014 年 10 月，7 个试点省市的碳交易平均价格波动很大；2014 年 10 月~2017 年 10 月，碳交易价格偶尔有较大幅度的波动，但基本保持稳定，每吨价格在 10~40 元。因此，假设 2013~2017 年的平均价格为 34.64 元/t，这时碳交易的初始价格 $p_c(0,0)$ 为 34.64 元/t。碳交易价格的波动性是根据 2013~2017 年的历史数据计算得出的，计算方法如下：

$$\mu_k = \ln\left(\frac{p_{ck}}{p_{ck-1}}\right), \quad (k = 0,1,2,\cdots,n) \tag{5-10}$$

式中，p_{ck} 代表以 k 为单位的每月碳价格，可以根据公式计算碳价格的平均值和方差：

$$\overline{\mu} = \frac{1}{n}\sum_{k=0}^{n}(\mu_k - 1)$$

$$S = \sqrt{\frac{1}{n-1}\sum_{k=1}^{n}\mu_k{}^2 - \frac{1}{n(n-1)}\left(\sum_{k=1}^{n}\mu_k\right)^2}$$　　　　(5-11)

碳价格的预期增长率 σ_c 和方差 μ_c 可以通过以下联立方程获得：

$$\sigma_c = \frac{S}{\sqrt{\Delta t}}$$　　　　(5-12)

$$\mu_c = \frac{\overline{\mu}}{\sqrt{\Delta t}}$$　　　　(5-13)

通过以上步骤，计算出 $\sigma_c = 0.1594$。另外，根据式（5-10），上移水平 u 为 1.1728，下移水平 d 为 0.8527，上升概率 p 为 0.6026，下降概率 q 为 0.3974。根据以上数据，我们可以计算二项式树扩展表，并可以选择延迟碳价，用于燃煤电厂 CCUS 技术的投资决策。

5.3.3　技术改进 CCUS 技术的投资成本

随着技术的进步，CCUS 技术设备将被广泛安装在燃煤电厂中，采用 CCUS 技术的燃煤电厂的装机容量将不断增加，碳捕集技术的发展与风力发电的发展道路相同。采用 CCUS 技术的煤炭和电力发电机组的装机容量正以每年 11.6% 的速度增长，假设在基准年内 CCUS 技术投资的累计装机容量为 15949 万 kW，表 5.3 显示了 2017～2027 年全国 CCUS 技术设备安装的初始投资成本以及运营维护成本。

表 5.3　2017～2027 年全国 CCUS 技术设备安装的初始投资成本和运营维护成本

项目	2017 年	2018 年	2019 年	2020 年	2021 年	2022 年
x_t/x_0	—	1.12	1.25	1.39	1.55	1.73
$(x_t/x_0)^{-\alpha}$	—	0.98	0.96	0.95	0.93	0.91
$(x_t/x_0)^{-\beta}$	—	0.96	0.92	0.89	0.85	0.82
$c_{t1}/(\times 10^4$ 元$)$	263746	258471.08	253196.16	250558.70	245283.78	240008.86
$c_{t2}/(\times 10^4$ 元$)$	4409.6	4233.22	4056.83	3924.54	3748.16	3615.87
项目	2023 年	2024 年	2025 年	2026 年	2027 年	—
x_t/x_0	1.93	2.16	2.41	2.69	3.00	—
$(x_t/x_0)^{-\alpha}$	0.90	0.88	0.86	0.85	0.83	—

项目	2023 年	2024 年	2025 年	2026 年	2027 年	—
$(x_t/x_0)^{-\beta}$	0.79	0.76	0.73	0.70	0.67	—
$c_{t1}/(\times 10^4\ 元)$	237371.40	232096.48	226821.56	224184.10	218909.18	—
$c_{t2}/(\times 10^4\ 元)$	3483.58	3351.30	3219.01	3086.72	2954.43	—

5.3.4　CO_2 利用率的变化

CO_2 利用率是指 CO_2 利用率与 CO_2 累计捕获量的比值。根据 IPCC 报告，中国存储了 80%捕获的 CO_2，而 CO_2 利用率的比例直接被视为 20%，无须计算损失。根据 2014~2019 年收集的数据，全国天然气 CO_2 的需求增长率为 0.9%，液态 CO_2 的需求增长率为 4.8%，固态 CO_2 的需求增长率为 5.8%。2014 年的 CO_2 消费量为 7026.2 万吨，其中气体、液体和固体 CO_2 的消费量分别为 6480 万吨、507 万吨和 35.1 万吨(王玉瑛和侯立波，2014)。

根据以上数据，可计算出 2014~2019 年全国 CO_2 需求增长率为 1.25%，假设未来 10 年全国 CO_2 需求增长率仍为 1.25%，如表 5.4 所示，若燃煤电厂的批准减排率每年保持不变，CO_2 利用率与 CO_2 捕集率之比将增加。

表 5.4　CO_2 利用率与 CO_2 捕集率之比的趋势(%)

年份	2017 年	2018 年	2019 年	2020 年	2021 年	2022 年	2023 年	2024 年	2025 年	2026 年	2027 年
比值	20.00	20.25	20.50	20.76	21.02	21.28	21.55	21.82	22.09	22.37	22.65

5.4　情景设定，结果与讨论

5.4.1　不同政策激励措施中的情景

5.4 节研究不同的政策激励计划对 CCUS 技术投资的影响，以便更好地了解两种情况下的不同政策含义。具体来说，假设在第一种情况(场景 1)下，政府仅将补贴政策用于 CCUS 技术的投资成本，模型中考虑了不同的政府补贴政策，以研究 CCUS 技术的净现值和投资期权价值的变化。在第二种情况(场景 2)下，将最低碳价制度与投资成本补贴相结合，以探索两种政策与投资决策之间的关系。此外，根据使正净现值等于总投资价值和延迟投资选择的投资规则的最低碳价，政府应给予激励，以刺激投资者立即进行投资。最后，5.4 节还比较了这两种政策对净现值和总投资价值的影响，并为公共部门的决策者提供了启示。

5.4.2　结果分析

我们考虑两种政策对 CCUS 技术投资的影响,并比较两种结果。主要结果如下。

1. 场景 1

在具有初始投资全额补贴的场景 1 中, CCUS 技术项目的净现值和燃煤电厂投资的总投资价值分别为-28270.15 元和30628.57 元, 而延迟 CCUS 技术项目投资的实物期权价值为 58898.27 元。因此, 延迟期权将根据表 5.1 中的投资规则和实物期权理论行使, 投资者将等待更多有用的信息来解决 CCUS 技术投资中的不确定性。接下来, 为了分析不同补贴对净现值、总投资价值和延迟期权价值的影响, 调整补贴从 0 变为 100%, 并在图 5.1 中显示变化趋势。

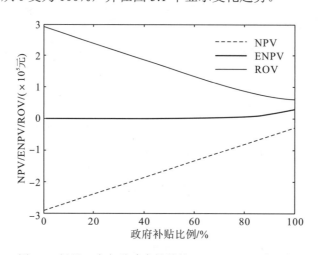

图 5.1　场景 1 中各种政府补贴的 NPV、ENPV 和 ROV

图 5.1 显示了在假设决策期为 10 年的情况下,场景 1 下的总投资价值和相应的带有各种政府补贴的延迟期权价值,其中总投资价值等于 NPV 加 ROV。不出所料,随着政府对 CCUS 技术的初始投资成本的增加, 总投资价值和 NPV 显著提高。同时, 随着政府补贴的提高, ROV 作为一种看涨期权的价值在市场条件发生不利变化时赋予投资者稍后投资项目的权利,但其价值却在下降。期权价值下降的主要原因是政府补贴部分抵消了初始投资成本。此外, 从图 5.1 可以看出, 即使政府提供了全部的初始投资成本补贴, CCUS 技术投资的 NPV 始终为负。因此, 由于 ROV 高, 燃煤电厂目前将不进行投资, 并等待更多信息以减少 CCUS 技术项目投资的不确定性。因此, 根据表 5.1 中的投资规则, 燃煤电厂将在场景 1 中推迟投资, 直到 NPV 从负值变为正值。

2. 场景 2

根据以上分析，我们可以发现，即使燃煤电厂在补贴政策下获得了 CCUS 技术初始投资成本的全额政府补贴，他们目前也不会投资 CCUS 技术。为了促进 CCUS 技术对燃煤电厂的直接投资，我们考虑了另一项政策激励措施——碳价底价，它可以通过在碳交易市场上出售经认证的减排量来降低燃煤电厂的投资成本。根据实物期权分析，CCUS 技术投资可以根据两个条件立即行使。一方面，CCUS 技术项目的 NPV 为正。另一方面，带有 ROV 的总投资价值必须等于 CCUS 技术项目的 NPV。因此，我们可以利用政府的各种补贴来计算碳价格的阈值，以激励对燃煤电厂的直接投资。图 5-2 显示了在各种政府补贴系数情况下的碳价底价和净现值的变化。

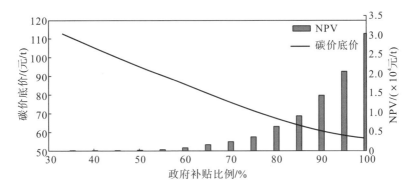

图 5.2　场景 2 中各种政府补贴的碳价底价和 NPV 随政府补贴因素的变化

首先，随着政府补贴比例的增加，ENPV 急剧上升，政府补贴提高了 CCUS 技术的总投资价值，这将极大地推动燃煤电厂立即投资。其次，相反，碳价底价随着政府补贴的增加而下降。例如，当政府补贴为 35% 时，我们可以计算出当前 NPV 为 47.58 元/t，碳价底价为 110.49 元/t。同时，当政府补贴比例为 100%，即具有完全政府补贴比例时，NPV 和碳价底价分别为 30628.57 元/t 和 57.01 元/t。设定碳价底价可以减轻燃煤电厂的成本压力，尝试增加对 CCUS 技术的投资兴趣以减少 CO_2 排放，并鼓励燃煤电厂保持对 CCUS 技术的投资热情。值得注意的是，我们可以看到 NPV 上升了 643.73 倍，碳价底价下降了 48.40%。结果表明，NPV 对政府补贴极为敏感，而各种政府补贴对碳价底价的变化影响很小。

有趣的是，图 5-2 说明，无论碳价底价有多高，当政府补贴低于 33% 时，燃煤电厂将永远不会投资 NPV 和 ENPV 为负的 CCUS 技术项目。因此，只有将政府补贴和碳价底价这两种策略结合起来，才能刺激 CCUS 技术的即时投资。

与场景 1 相比，NPV 急剧增加。例如，当政府补贴为 80% 时，两种情况下的 NPV 分别为-81019.35 元和 6491.99 元。结果表明，政府补贴加上碳价底价可以迅速增加投资项目的价值，并鼓励燃煤电厂为 CCUS 技术项目早日采取行动。原因主要是将 CCUS 技术经认证的减排量出售给碳交易市场而获得的收入可以增加投资现金流量，可以部分抵消 CCUS 技术项目的初始投资成本以及运输成本和储存成本，并提高燃煤发电量，建立立即投资激励。

换句话说，场景 1 中的延期选择将一直执行到到期时间，并且燃煤电厂将不会对 CCUS 技术采取任何投资措施。在场景 2 中，通过案例研究中的方程式计算，我们可以获得确切的碳价底价。碳价底价策略有利于燃煤电厂从经认证的减排中获得收益，并缩小了立即投资所需的碳价与当前碳市场中的碳价之间的差距。通常，只有政府补贴加上碳价底价，才会鼓励燃煤电厂立即投资，而动力燃煤电厂则要减少 CO_2 排放量。

5.5　本　章　小　结

随着全球气候问题变得越来越严重，中国作为《巴黎协定》的第 23 个缔约方，致力于减少温室气体的排放，以保持 21 世纪全球平均气温上升幅度不超过 2℃，并努力控制全球温度升高不超过工业化前水平的 1.5℃。基于中国的能源结构，作为主要碳排放源的燃煤电厂是重要的减排对象。本书基于二叉树实物期权法对投资价值进行评估，研究不同政府补贴比例对净现值和具有实物期权价值的总投资价值的影响。

此外，在模型中考虑了两种政策激励措施，以探索公共部门如何利用政策工具鼓励燃煤电厂在当前投资市场进行投资。案例研究中的数值分析结果如下。

如果补贴过低，无论碳价底价设定得多高，企业都不会投资。案例研究的数值模拟结果表明：①政府补贴不低于 33%；②当政府补贴比例超过 33% 时，将根据该模型给出特定且准确的碳价底价，以促进燃煤电厂立即投资 CCUS 技术项目；③在这个示范阶段，只有政府补贴政策不能刺激 CCUS 技术投资。

这项研究对燃煤电厂的 CCUS 技术投资决策具有重要意义。但是，现有的 CCUS 技术项目不一定要达到大规模商业利用的程度，而且相关案例和数据相对比较难以研究。因此，尽管本书存在一些不确定性，但仍有一些需要改进的局限性。

第六章 不同技术进步情景下的 CCUS 技术投资价值分析

6.1 引　　言

Andrew（2018）指出，延迟 CCUS 技术的商业规模部署会增加英国能源向低碳转型的风险和成本，如果到 2030 年没有部署 CCUS 技术，碳减排成本将每年增加到大约 10 亿英镑，并且可能在 2050 年前翻一番。截至 2020 年，中国煤电机组装机容量约为 12.46 亿 kW，因此中国如果要实现雄心勃勃的全球气候目标，除了在能源结构调整、节能等方面挖掘潜力以外，还必须高度重视 CCUS 技术的科学有序部署。

然而，CCUS 技术具有很高的沉没成本，在政府激励有限、缺乏项目利润来源的情境下，CCUS 技术发展规模远低于国际能源署提出的规模。在现有技术条件下，引入碳捕集将额外增加 $140\sim600$ 元/tCO_2 的运行成本，如华能集团上海石洞口捕集示范项目的发电成本就从大约每千瓦时 0.26 元提高到 0.5 元。CCUS 技术项目的重要贡献在于减少碳排放，但在碳排放外部成本没有内部化的情况下，企业的减排收益无法得到充分体现，部署 CCUS 技术基本属于企业自发投资行为，很多项目也由于缺乏资金而无法启动或难以持续。在煤炭行业不景气、油价下跌的宏观形势下，更使企业收益进一步收窄，影响企业开展 CCUS 技术示范的意愿。因此，特别是在发电行业，需要采用经济激励，如政府补贴、碳税等方式来鼓励碳捕集和储存技术的部署，或者促进技术进步，提高碳利用率，以降低 CCUS 技术系统的成本，使 CCUS 技术商业化成为可能。因此，本书综合考虑了不同的政策激励水平和技术进步程度对 CCUS 技术项目的投资影响，并具体分析了不同技术进步情景下的企业对 CCUS 技术的投资决策，有助于政府出台合理的激励政策来吸引企业投资 CCUS 技术项目，同时规避因激励过度，使 CCUS 技术项目投资泛滥，成为搁浅资产。

本书的贡献主要有三点：①考虑了碳交易价格、政府补贴的不确定性，利用二叉树实物期权法构建了决策模型，研究了企业对 CCUS 技术投资的决策变量的变化情况；②技术进步是影响 CCUS 技术项目投资的重要影响因素，模型综合考虑了不同技术进步对 CCUS 技术投资决策的影响，重点讨论了技术进步导致的成本下降以及利用率的提高对企业 CCUS 技术改造投资成本和意愿造成的影响以及对市场运营模式可能的影响，并指出了未来技术进步的发展路线；③本书探讨了不同参数对决策变量的影响，给出了参数与决策变量间的敏感性分析。

本章分为 5 个部分，引言后为文献综述，通过文献梳理指出本书的研究方法和创新思路。6.3 节为模型描述与构建，主要考虑 CCUS 技术进步的影响因素，构建 CCUS 技术进步的学习曲线，并综合衡量碳交易价格、政府补贴等不确定因素给项目带来的收益与成本变化，建立技术不确定情景下的实物期权分析模型；6.4 节为分析讨论部分，以国内某典型 CCUS 技术运营项目投资为例，应用数值模拟仿真方法分析不同技术进步情景下的企业对 CCUS 技术项目的投资行为；6.5 节总结了本章研究的主要贡献，给出建议以及未来的研究方向。

大量文献对我国 CCUS 技术部署进行了分析，并运用实物期权理论研究了不确定条件下的 CCUS 技术投资问题，大致可以分为两类。一类是政策对 CCUS 技术投资项目的影响分析。例如，Zhu 和 Fan(2011)在实物期权模型中比较了碳市场、碳税、强化研发、发电补贴等不同类型的碳投资政策。Zhu 和 Fan(2013)分别以实物期权模型模拟了碳市场和碳捕获补贴对 CCS 技术改造投资的影响，并考虑了内部和外部的不确定性。Du(2016)采用实物期权模型比较了碳价、化石燃料价格、投资成本和政策等不确定性因素下和不同政策下碳捕集与封存投资的期权价值。Zhang 等(2014)在多不确定性条件下，利用三叉树实物期权法研究了两个典型的燃煤电厂 CCS 技术改造投资决策问题，发现在当前市场形势下，立即进行 CCS 技术改造投资是不明智的选择。Chen 等(2016)研究了发电补贴对 CCS 技术投资决策的影响分析，重点考虑是否和何时投资的问题，研究发现补贴对 CCS 技术投资和碳减排效果的影响取决于市场条件。

另一类是有关技术进步对 CCUS 技术的影响分析。技术进步是影响 CCUS 技术项目投资的重要影响因素，纵观风能、太阳能、LED、电动汽车等技术的发展，清洁能源技术以令人惊奇的速度发展。碳捕集和封存国际知识中心(International CCS Knowledge Center)在 2018 年发布的研究报告中指出，捕集每吨 CO_2 所需的成本降低 67%，这样，CCUS 技术这种高成本的技术商业化就成为可能，具有投资价值。现阶段对 CCUS 技术工艺研究的文献较多，包括 CCUS 技术中碳捕集技术改进(Hanak and Manovic，2016；Song et al.，2017；Koohestanian et al.，2018)、CO_2 管道运输(Onyebuchi et al.，2017)、CO_2 的各行业利用(Baier amd Schnel Der，2018)、CO_2 储存路线及对象(Zevenhoven et al.，2016；Rathnaweera and Ranjith，2017)等。其中，许多研究预测，随着学习效果的提高，未来碳捕获的成本将大大降低(Li et al.，2015)，并已被工程实践证实。Fan 等(2018)从避免技术锁定的角度出发，采用学习曲线和成本优化模型，探索中国 CCS 技术商业化总成本以及国家和省级 CCS 技术改造潜力。Upstill 等(2018)使用欧洲最近碳储存研究的代表性成本和分布数据反映碳储存四种技术变体的成本结构，提出了一种自下而上的估算复合学习率的方法，发现项目市场化不仅仅要求技术上的经济可行性，还需要有合适的商业模式。Yao 等(2018)考虑到碳配额交易价格和政府补贴等不确定性因素，从多方利益相关者合作角度提出了 4 种 CCUS 技术未来发展必需的商业模式。

　　然而上述研究没有考虑技术进步给 CCUS 技术项目投资决策带来的影响。技术进步提高了 CCUS 技术项目的收益，降低了投资成本，促进了 CCUS 技术的商业部署，而政策激励也是 CCUS 技术项目大规模部署的一个必不可少的前提条件。2018 年美国修订了 45Q 法案，加大了对 CCUS 技术发展与应用的激励。法案中规定，将封存的 CO_2 用于提高石油采收率工艺中，每吨可获得 10 美元的补助，而将 CO_2 注入到指定的封存地点，每吨可获得 20 美元的补助，最高可封存 7500 万吨，并通过降低税收来促进 CCUS 技术的大规模投资。因此，本书将碳交易价格和政府补贴不确定性纳入到 CCUS 技术项目的投资决策中，还重点讨论了不同技术进步导致的成本下降以及碳利用率提高对企业 CCUS 技术改造投资成本和意愿造成的影响以及对市场运营模式可能的影响。本书采用了 Upstill 等(2018)提出的自下而上的估算复合学习率方法来描述 CCUS 技术的进步，在此基础上，构建了基于学习曲线的 CCUS 技术实物期权投资决策模型，探讨不同技术进步情境下的 CCUS 技术的投资决策问题。为了更好地模拟我国目前的 CCUS 技术投资环境，本书从我国电力行业实际的 CCUS 技术示范项目中获取了最新的市场和技术数据，包括华能绿色发电项目、天津北塘电厂 CCUS 技术项目、中石化胜利油田 CO_2 捕集和驱油示范项目、中石油吉林油田 EOR 研究示范项目和中国碳交易试点市场的交易数据。

6.2　模　型　构　建

6.2.1　CCUS 技术进步特点及表现

　　CCUS 技术包括碳捕集、运输、利用和封存 4 个部分，理论上，将 CO_2 作为工业原料用来强化驱油，或出售碳排放权都可以为 CCUS 技术项目带来额外收益，克服整体投资和成本的增加。但迄今为止，中国的碳市场还处于萌芽阶段，也未形成足以影响排放行为的碳价。对于早期示范项目，政府需要提供必要的财政和融资支持，克服商业可行性不足的问题。随着技术进步，CCUS 技术项目的投资成本和运营成本将降低，CO_2 的利用率将提高，作为工业原料用来强化驱油等，可以带来更多额外收益，项目商业化就成为可能，当 CCUS 技术项目收益大于成本，商业化市场形成后，政府的补贴可逐渐退出市场。

CCUS 技术进步可以表现为投资成本和运营成本降低。尹祥和陈文颖(2012)通过假定技术学习遵从"干中学"的学习曲线，用学习曲线模型表示了成本和累计装机容量之间的关系，研究了技术进步对 CCUS 技术投资的发电成本下降的影响。结果表明，技术进步导致电站捕集成本的降幅最大，而捕集受燃料价格影响较大；在现有的技术学习率下，即使燃料价格上涨 50%，也可以把发电成本控制在目前的水平。当 CCUS 电站形成规模效益后，CCUS 技术成本会有一定程度的下降，并且其成本下降的速度与 CCUS 电站的建设规模密切相关。此外，在 CO_2 的利用方面，EOR 的收益可以大幅降低捕集电站成本，在不考虑其他 CO_2 利用方式时，如果 EOR 技术不能得到广泛的应用，CCUS 技术的商业化将非常困难。

CCUS 技术的改进还包括碳利用率提高。提升碳利用率一方面是企业对国家节能降耗指标的要求的积极响应，另一方面也是企业自觉承担环境保护责任、调整经济结构、建设生态文明的表现，这也是摒弃先污染后治理、先低端后高端、先粗放后集约的发展模式的现实途径，是实现经济发展与资源环境保护双赢的必然选择。碳利用率在 CCUS 技术的应用上具有良好的发展前景，一是 CO_2 的工业化利用，即制备甲醇、可降解塑料等方面；二是利用 CO_2 通过藻类作用制备燃油，微藻制油技术是用捕集到的微藻养殖含油微藻，提取微藻油脂，生产生物柴油，其研究成果在 2010 年上海世博会上进行了示范；三是发展二氧化碳 EOR 技术，二氧化碳 EOR 技术是将捕集到的 CO_2 经过提纯、液化后注入有原油但是又难以提取原油的地下，CO_2 的注入使得地下气压增高，从而将原油渗透出来，采收率可以提高 10%～20%，但是将近有一半的 CO_2 都被封存在地下。虽然目前 CO_2 资源化利用技术还未大规模使用，但已取得了不少研究成果。因此，现阶段在 CO_2 资源化技术领域遇到了一个可以发展的机会。

6.2.2　考虑技术进步的 CCUS 技术项目年收益

由于 CCUS 技术投资项目在未来发展中面临着各种不确定性影响，包括初始投资成本、电价收益、碳价格等，这些不确定性增加了投资者的未来选择权。投资者在开发 CCUS 技术项目的各个阶段可以根据项目的发展和所处环境做出调整，使 CCUS 技术的收益最大或损失降到最低，这种后续的选择权就隐藏在投资项目的实物期权中。二叉树期权定价模型能体现出 CCUS 技术投资项目中所蕴含的战略价值，弥补传统折现现金流量法的缺陷，是进行项目决策分析的一种有效方法。

假设 CCUS 技术项目的现金流出包括捕获设备安装成本(C_r)、运营和维修成本(C_o)、因运行捕获系统而增加的燃料消耗(C_s)和运输成本(C_T)，现金流入主要有售电补贴(V_1)、政府补贴(V_2)、CO_2 利用收益(V_3)和碳交易收益(V_4)，则投资 CCUS 技术的年收益为

$$\pi = -C_1 - C_o - C_r - C_s - C_T + V_1 + V_2 + V_3 + V_4 \tag{6-1}$$

CCUS 技术投资成本包括燃煤电厂 CO_2 捕集系统的设计、捕集设备购置、吸附捕集 CO_2 试剂购置、满足脱碳系统要求的来气净化设备、设备安装调试等，假设 CCUS 技术投资初始成本为 C_1^0，运营维修成本包括 CO_2 捕集专业设备的投入成本及运营和维修成本，设为 C_o^0，基于学习的技术进步是降低新能源技术使用成本的重要驱动力。目前国际上广泛采用学习曲线(learning curve)来估计学习率，进而通过技术学习率来预测技术成本演变趋势(黄绍伦 等，2015)，学习曲线模型被广泛应用于新能源技术产业。本书研究采用了 Garrett 等(2018)提出的自下而上的估算复合学习率方法来描述 CCUS 技术的进步，用单因素来刻画 CCUS 技术投资成本和运营维护成本随着其生产或者消费累积而不断下降，则 t 年后建设成本为 $C_1^t = C_1^0 x_t / x_0^{-\alpha}$，运营维修成本为 $C_o^t = C_o^0 x_t / x_0^{-\beta}$，其中，$x_t$ 和 x_0 分别是燃煤电厂安装 CO_2 捕获设备后 t 年的累计装机容量和基准年的累计装机容量，考虑燃煤电厂的规模性，这里用燃煤电厂行业安装 CO_2 捕获设备的累计装机容量替代单个燃煤电厂的累计装机容量；α，β 分别为影响投资成本及运营和维修成本的技术学习能力的参数。

CCUS 技术捕获系统运行需要额外消耗用电用于 CO_2 捕获等，一个配备 CCUS 技术系统的电厂相比同等电厂大约多消耗 10%～40%的能源(Khatib，2011)。假设用燃煤消耗代表电厂 CCUS 技术系统消耗能源，假设煤炭价格为 p_r，运行捕获系统而增加的燃料量设为 q_r，燃料消耗成本为 C_r，则有

$$C_r = p_r q_r = p_r \times q_e \times NC \times \theta \tag{6-2}$$

式中，q_e 为年发电量，NC 为供电煤耗，θ 为捕获能耗比例。

CO_2 输送方式主要有罐车输送、轮船输送和管道输送三种。假设运输成本为 C_T，设 CCUS 技术设备安装后的捕获率为 η，CO_2 的排放率为 $\varnothing$，则年核准减排量为

$$q_c = q_e \times \eta \times \varnothing \tag{6-3}$$

CO_2 封存可分为地质封存、海洋封存、化学封存、森林和陆地生态系统封存。假设 CO_2 利用率为 ξ，没有利用的 CO_2 全部被拿去封存，每吨 CO_2 的封存成本为 q_s，则封存成本为

$$C_s = (1 - \xi) \times q_s \tag{6-4}$$

燃煤电厂 CCUS 技术投资项目的净收益 π 为

$$\pi = p_e q_e + \lambda C_1^0 x_t / x_0^{-\alpha} + \xi p_s q_c + p_c q_c - C_1^0 x_t / x_0^{-\alpha} - C_o^0 x_t / x_0^{-\alpha} - p_r q_r - C_T - (1 - \xi)C_s$$

$$= p_e q_e + p_c q_c + \xi p_s q_c - p_r q_r - C_I^0 x_t / x_0^{-\alpha} 1 - \lambda - [C_T + (1-\xi)C_s + C_o^0 x_t / x_0^{-\alpha}] \tag{6-5}$$

6.3　CCUS 技术项目的实物期权模型

假定燃煤电厂寿命期为 T 年，在 $t = t_0$ 年开始投资 CCUS 技术装备，C_I^0 为基准 0 年安装 CCUS 技术设备的成本，建设期时间极短，耗时 0 年，CO_2 捕获系统从 $t = t_0$ 开始投入使用直至电厂寿命期末，C_o^0 为基准年的运营和维修成本；r_0 为基准折现率，并假设 CCUS 技术捕获设备的残值为 0，若采取连续复利方式计息，则令 $e^{r_0} = 1 + r_0$，在 t_0 年燃煤电厂投资 CCUS 技术的项目净现值 NPV 为

$$\text{NPV} = (p_e q_e + p_c q_c + \xi p_s q_c - p_r q_r)\frac{1 - e^{r_0(t_0 - T)}}{e^{r_0} - 1} - C_I^0 x_t / x_0^{-\alpha} 1 - \lambda e^{r_0 t_0}$$

$$- \left[C_T + (1-\xi)C_s + C_o^0 x_t / x_0^{-\alpha} \right]\frac{1 - e^{r_0(t_0 - T)}}{e^{r_0} - 1} \tag{6-6}$$

现在假设燃煤电厂已经安装了 CCUS 技术的 CO_2 捕集装置，则 CCUS 技术投资项目的延迟投资期为燃煤电厂的剩余寿命，将上述 CCUS 技术投资的项目净现值在延迟投资期内依照二叉树模型展开，见图 4.1。

CCUS 技术投资延迟期内每个节点的项目净现值经过 Δt 后分别以分先中性概率 p 和 q 变成两种情况，其中 p 为碳排放权价格上升的风险中性概率。

这样得到每个节点处的项目净现值计算公式，见式(4-11)。

按照上述思路，各节点的投资价值，见式(4-17)。

根据以上分析及假设，不确定条件下燃煤发电 CCUS 技术的投资价值 ENPV 在延迟投资期内的 $0 \leqslant i \leqslant n$，见式(4-18)。

燃煤电厂 CCUS 技术投资项目投资规则，参考表 4.1。

6.4　案 例 分 析

6.4.1　案例描述

以前面第四章中的案例为研究对象，假定新建成的超临界 PC 电站寿命 T 为 40 年，以 10 年作为 CCUS 项目的延迟投资期，使项目建成后能有 20 年左右的运营时间来获得收益，模型的时间步长 t 为 1 年，所需数据如表 6-2 所示。

表 6.2　燃煤电站相关参数设定

参数/单位	符号	值	取值说明
CCUS 装置单位建设初始成本/(元·kW⁻¹)	UC_0^1	816.8	参考牛红伟等 (2014) 的设定，建设成本为 816.8 元·kW⁻¹

参数/单位	符号	值	取值说明
CCUS 装置单位运营维修初始成本/(元·(MW·h)$^{-1}$)	UC_0^2	170	参考牛红伟等(2014)的设定,建设成本为 170 元·kW^{-1}
供电耗煤/[g·(kW·h)$^{-1}$]	NC	309	国家能源局和中国电力企业联合会联合发布的《2017 年全国电力可靠性年度报告》
捕获系统能耗比例/%	θ	20%	根据《中国碳捕集利用与封存技术发展路线图(2019)》,CCUS 技术系统的电厂相比等电厂多消耗 14%～25% 的能源的平均值设定
二氧化碳价格/(元/吨)	P_s	500	根据 CO_2 价格范围为 200～600 元/吨取平均值
核准减排量/kt	q_c	2633.472	根据 $q_c = q_e \times \varphi \times \eta$ 计算
CO_2 运输成本/万元		5274.26	根据封存成本与运输成本的比例接近 3:2,推算出运输成本
CCUS 技术项目的基准折现率/%	r_0	8	一般情况下建设项目的投资回报率
价格波动次数/次	n	10	—

其中,模型中无风险利率取 $r=4.46\%$,且碳交易价格的二叉树展开表见表 4.3。模型中所需的其他数据见表 4.4 和表 4.5。

6.4.2　情景设置

1. 技术进步情景 1:投资成本降低情形下

Rubin 等(2007)采用单因素分析,估计 IGCC 和 CCS 技术的学习率分别为 11% 和 12%。Li(2012)考虑基于研发和"干中学"的双因素学习效应,指出 IGCC+CCS 电厂的投资成本学习率为 9.64%~20.22%。Duan 等(2016)设定 IGCC+CCS 与技术的平均学习率分别为 11.1% 和 9.8%。现假设技术进步促进 CCUS 技术的投资成本以 10% 的梯度升至 50%,为了突出技术进步对项目投资价值的影响,将投资成本增加和降低所导致的项目总价值进行对比。图 6-3 是在因技术进步促进 CCUS 技术的投资成本降低下的总投资价值变化趋势。从图中的趋势可以看出,随着技术不断进步,总投资价值逐渐上升。且当 CCUS 技术的投资成本降低 40% 以上,即便政府不补贴,投资 CCUS 技术总价值也为正。

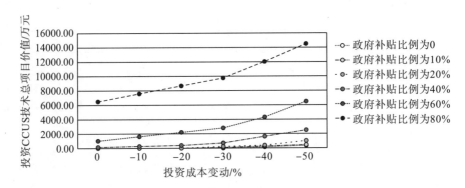

图 6.3　投资成本变动对应的总项目价值

接下来看每一个学习率对应下可以立即投资的碳交易临界条件。图 6-4 直观显示出碳交易临界价格变化规律，政府补贴比例越高，投资学习率变动下的碳交易临界价格越低，在同一水平的成本时，政府补贴越高，临界价格越低，反之越高。这表示着成本的降低和政府补贴的提高都可以降低燃煤电厂投资的要求，即在碳交易价格比较低的情况下就可以投资。

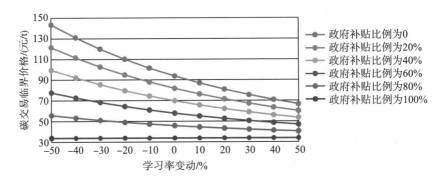

图 6.4　学习率变动对应的碳交易临界价格

2. 技术进步情景 2：CO_2 利用率提高

燃煤电厂 CCUS 技术捕集到的 CO_2 用于资源利用和封存，CO_2 利用带来的收益可以补偿一部分投资成本，因此 CO_2 利用比例是燃煤电厂投资 CCUS 技术项目收益的另一个重要影响因素。现以 5% 为梯度，计算 CO_2 利用比例增加到 37% 时燃煤电厂在各种政府补贴比例下项目总投资价值的变化趋势，从图 6-5 中可得 CO_2 利用的比例越高，项目总价值也越高，在同一利用比例下，政府补贴比例越高，总项目投资也越高。

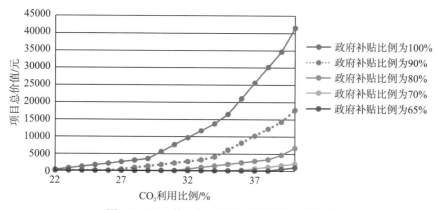

图 6.5　CO_2 利用比例变动对应的项目总价值

用同样的方法以 5% 为梯度，计算 CO_2 利用比例增加到 50% 时各种政府补贴比例下投资的碳交易临界价格，趋势如图 6.6 所示。随着 CO_2 利用比例的逐步增大，燃煤电厂投资 CCUS 技术的临界价格越低，反之则越高。值得注意的是，各种政府补贴比例在 CO_2 利用比例逐渐增大的情况下，碳交易临界价格都会下降。当政府补贴增大，碳交易临界价格也会快速降低，激励燃煤电厂立即进行投资。

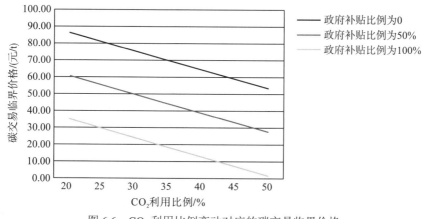

图 6.6　CO_2 利用比例变动对应的碳交易临界价格

3. 技术进步情景 3：投资成本降低同时，CO_2 利用率提高

根据目前的政策、市场状况以及装机容量等条件，碳交易市场、CO_2 利用率和技术进步率没有形成一定的规模，对激励投资者进行 CCUS 技术投资没有吸引力，投资者会等到最后一年即 2030 年才会进行投资。在最优 CCUS 技术投资时机的时刻点上，投资者对此时的技术进步率和 CO_2 利用率也有一定的要求，否则就只能继续等待市场的有利信息和条件。在其他参数不变的情形下，变化政府补

贴比例，通过计算可以获取激励投资者投资 CCUS 技术进步率和 CO_2 利用率的临界值数组。通过图 6.7 数据分析，技术进步率和 CO_2 利用率两者相互影响，当技术进步率提高时，此时 CO_2 利用率的临界值就会下降。同理，当技术进步率水平不高时，此时就需要 CO_2 利用率水平有一定的提升，才能促进 CCUS 技术的投资，使得投资者能通过提高对所捕获碳的利用率得到更高的收益，以抵消高的投资成本，从而激励和引诱投资者进行技术投资，进一步降低碳排放。

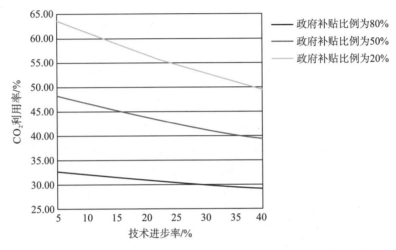

图 6.7　促进投资情形下 CO_2 利用率与技术进步率临界值之间的变动关系

6.5　本　章　小　结

CCUS 技术具有很高的沉没成本，在经济激励比较缺乏的情况下，企业自动投资行为较少。本章通过梳理 CCUS 技术进步投资成本和运营成本降低、碳利用率提高等特点及表现，分析了这些不同技术进步情景下的企业对 CCUS 技术的投资决策。一是基于技术进步促进 CCUS 技术的投资成本，项目总投资价值逐渐上升。政府补贴比例越高，投资学习率变动下的碳交易临界价格越低，在同一水平的成本时，政府补贴越高，临界价格越低，反之越高。二是碳利用带来的收益可以补偿一部分投资成本，CO_2 利用的比例越高，项目总价值也越高，在同一利用比例下，政府补贴比例越高，总项目投资成本也越高，CO_2 利用的比例逐步增大，燃煤电厂投资 CCUS 技术的临界条件越低，反之则越高。三是当投资成本降低的同时，碳利用率提高时，技术进步率和碳利用率两者具有一定的关联，当技术进步率提高时，碳利用率的临界值下降。同理，当技术进步率水平不高时，就需要碳利用率水平有一定的提升。

　　根据以上分析结果，本章提出建议：一是完善和发展技术研发的激励政策，通过技术进步降低投资成本；二是提高 CO_2 资源化利用比例，CO_2 资源化利用可以增加部分收益，这也是帮助大量燃煤电厂和其他行业捕集的 CO_2 的有效方法之一。

第7章 燃煤电厂CCUS技术投资政策启示

7.1 研 究 结 论

本书将碳交易价格、煤炭价格、CO_2利用价格、CCUS 技术进步和政府补贴等纳入不确定条件下燃煤电厂 CCUS 技术投资决策的二叉树模型中，模型中实物期权充分考虑了由碳交易价格带来的不确定性给项目带来的额外收益。通过选择具有代表性和典型性的超临界燃煤电厂投资 CCUS 技术的实际运用，检验所构建模型的有效性、合理性和科学性，并重点分析了政府补贴、CCUS 技术投资成本、CO_2 利用比例的变化对投资项目收益的影响和投资临界条件的变化。最后根据对各因素的分析结果提出针对性的意见，以期为企业的投资决策提供参考，推动我国 CCUS 技术投资带来的碳减排健康有序发展。

(1)燃煤电厂 CCUS 技术投资项目具备投资不可逆性、投资回报的不确定性、投资可选择性、技术不确定性和投资风险大等特点。燃煤电厂投资 CCUS 技术的特性使得项目未来的收益有着极大的不确定性，也使得燃煤电厂 CCUS 技术投资决策存在实物期权特性，考虑到 CCUS 技术投资项目期权价值，投资项目未来收益的不确定性越大，项目可获得的期权价值就越大，使用实物期权法能将投资灵活性问题具体化、模型化和定量化，能够更准确地帮助项目投资者做出科学合理的参考。

(2)燃煤电厂 CCUS 技术投资项目面临的影响因素包括碳交易价格、煤炭价格、CO_2利用价格、CCUS 技术进步和政府补贴。本书中燃煤电厂投资 CCUS 技术项目面临的不确定性碳交易价格通过不确定性研究方法中的随机数学方法进行减弱甚至消除，使碳交易价格、煤炭价格、CO_2利用价格遵循几何布朗运动过程。CCUS 技术进步满足"学习曲线效应"，进而影响燃煤电厂 CCUS 技术投资成本及运营和维修成本，项目中的政府补贴能减少一部分燃煤电厂投资 CCUS 技术产生的高昂成本。除了碳交易价格，将其他不确定因素控制在一定的范围内，构建了不确定条件下燃煤电厂 CCUS 技术投资项目的二叉树决策模型，尽可能排除碳交易价格波动的不确定性对投资项目价值的影响，这样能较好地反映燃煤电厂在延迟投资条件下 CCUS 技术项目的真实价值。

(3)政府补贴和 CO_2 利用比例越高，投资项目的投资临界条件就越低，反之越高；CCUS 技术投资成本越高，投资项目的投资临界条件就越高，反之越低。在实证分析的案例中，以净现值方法计算燃煤电厂投资 CCUS 技术项目的净现值，政府补贴比例为 0～100%，当项目净现值都为负值时，此时燃煤电厂应该放弃投资，等碳交易价格上升，即净现值为正时才能投资。在延迟实物期权法下，当政府补贴比例为 0～30%时，总项目价值仍然为零，此时燃煤电厂应该舍弃项目投资；当政府补贴比例为 40%～100%时，总项目价值大于零，此时燃煤电厂应该等待合适时机投资。在前文各影响因素的敏感性分析中，净现值法下政府补贴越高，燃煤电厂投资 CCUS 技术的碳交易临界条件要求就越高；实物期权法下政府补贴比例和 CO_2 利用比例越高，燃煤电厂投资 CCUS 技术的碳交易临界价格就越低，反之越高；CCUS 技术投资成本增加，碳交易临界价格就越高，反之越低。

7.2 政策启示

本书在 CCS 技术的捕集和封存环节的基础上，纳入了 CO_2 利用环节。在碳交易价格不确定条件下分析了燃煤电厂 CCUS 技术的投资特性，根据投资特性选择适合的实物期权法，计算出燃煤电厂投资 CCUS 技术考虑政府补贴的净现值和实物期权价值，并在给出净现值法和实物期权法的投资临界值条件下比较了两种方法的投资区域。同时，在政策补贴比例、CCUS 技术投资成本和 CO_2 利用比例方面做了敏感性分析，得出政策补贴比例和 CO_2 利用比例越高，燃煤电厂投资 CCUS 技术的投资临界条件要求就越低，反之越高；CCUS 技术投资成本增加，碳交易临界价格就越高，反之越低。因此本书研究有如下启示。

(1) 促进 CCUS 技术发展，提高 CO_2 资源化利用比例，资源化利用是燃煤电厂和其他行业捕集 CO_2 的有效方法之一。

(2) 完善和发展碳排放交易市场是企业有意愿进行 CCUS 技术投资决策的重要因素。

(3) 给予适当的财政支持，燃煤电厂投资 CCUS 技术成本高昂，但是我国 7 个碳交易试点省市的碳排放平均价格为 8.30～50.75 元/t，碳交易收益不能理想地抵消高昂的投资成本，只有政府给予适当的投资才能在我国普遍推广 CCUS 技术。

(4) CCUS 技术不是单纯的技术或者系统，它涉及整个庞大、复杂的工业产业链。所以在投资决策中，除了经济因素外，很多社会因素(如社会、环境、经济、政策等)也与 CCUS 技术投资息息相关。良好的法律政策框架一旦确立，有助于消除和减缓这些不确定性因素，让投资者能够综合权衡经济效益、社会效益和生态环境效益，做出合理的投资决策。

(5) 我国 CCUS 技术的未来发展前景还会受到其他外围不确定性因子的影响，

如气候变化谈判与双边、多边国际合作进程，国际、国内未来低碳化产业能力和发展战略，其他低碳技术的技术作用与现状，以及能源需求变化和能源政策走向等。因此，在 CCUS 技术投资决策中，一些外部不确定性因素也应该考虑进去，而政府需要消除或者减少这些不确定性因素，引导企业进行合理的资产部署，健康有序地投资 CCUS 技术项目。

参 考 文 献

安瑛晖，张维，2001. 期权博弈理论的方法模型分析与发展[J]. 管理科学学报，4(1)：38-44.

澳大利亚清洁能源委员会.2019.澳大利亚清洁能源报告[R].澳大利亚清洁能源理事会.

毕新忠，沈海滨，2011. 二氧化碳的"绿色"前景[J]. 世界环境，(5)：36-38.

常凯，王维红，蒙震，2012. 基于复合实物期权的燃煤电厂碳捕获封存技术投资评价[J]. 科技管理研究，24：39-42.

陈俊武，陈香生，胡敏，2015. 中国低碳经济前景刍议(上)——世纪碳排放对气候变化的严峻影响[J]. 中外能源，20(3)：1-8.

陈霖，2016. 中石化二氧化碳管道输送技术及实践[J]. 石油工程建设，42(4)：7-10.

陈涛，邵云飞，唐小我，2012. 多重不确定条件下发电与 CCS 技术的两阶段投资决策分析[J]. 系统工程，(3)：37-44.

陈文颖，高鹏飞，何建坤，2004. 二氧化碳减排对中国未来 GDP 增长的影响[J]. 清华大学学报:自然科学版,44(6)：744-747.

丁乐群，徐越，刘琰，等，2012. 基于多阶段复合实物期权的风力发电项目投资决策[J]. 电力自动化设备，32(12)：69-73.

富兰克·H. 奈特，2015. 风险、不确定性和利润[M]. 王宇，王文玉，译. 北京：中国人民大学出版社.

郭健，谢萌萌，欧阳伊玲，等，2018. 低碳经济下碳捕集与封存项投资激励机制研究[J]. 软科学，32(2)：55-59.

国际能源署，2008. 世界能源展望 2007：中国选萃[R]. 巴黎：IEA

韩文科，杨玉峰，苗韧，等，2009. 当前全球碳捕集与封存(CCS)技术进展及面临的主要问题[J]. 中国能源，31(10)：5-6.

何德忠，2009. 不确定和竞争条件下企业投资决策的期权博弈分析[D]. 重庆：重庆大学.

胡秀莲，苗韧，2014. 对 IPCC 第五次评估报告部门减排路径和措施评估结果的解读[J]. 气候变化研究进展，10(5)：331-339.

黄超，杨茜，陈理，2016. 碳捕捉和储存技术的选择与政策激励分析[J]. 软科学，30(5)：91-95.

黄建，2012. 中国风电和碳捕集技术发展路径与减排成本研究——基于技术学习曲线的分析[J]. 资源科学，34(1)：20-28.

黄绍伦，张金锁，张伟，2015.技术学习曲线研究综述[J].科技管理研究，35（16）：12-16.

蒋茹，2007. 基于不确定性理论与方法的城市污水处理厂优化决策研究[D]. 长沙：湖南大学.

科学技术部社会发展科技司，科学技术部国际合作司，中国 21 世纪议程管理中心.2012.中国碳捕集、利用与封存(CCUS)技术进展报告[R].中国 21 世纪议程管理中心.

梁婕，2009. 基于不确定理论的地下水溶质运移及污染风险研究[D]. 长沙：湖南大学.

马大川，杨红平，2004. 基于期权理论的 IS 项目投资决策分析[J]. 情报科学，22(9)：1030-1033.

莫建雷，段宏波，范英，等，2018.《巴黎协定》中我国能源和气候政策目标：综合评估与政策选择[J]. 经济研究，(9)：12.

牛红伟, 郜时旺, 刘练波, 等, 2014. 燃煤烟气全流程 CCUS 系统的技术经济分析[J]. 中国电力, 47(8): 144-149.

苏豪, 查永进, 王眉山, 等, 2015. CCS 与 CCUS 碳减排优劣势分析[J]. 环境工程, 2015(增刊): 1044-1047, 1053.

孙亮, 黄伟隆, 陈文颖, 等, 2013. 实施 CCS 技术的火力发电厂场址选择[J]. 生态经济(中文版), (2): 76-80.

谭欢, 2002. 期权博弈不确定竞争市场投资决策[J]. 经济数学, 19(2): 10-14.

汤勇, 张超, 杜志敏, 等, 2015. CO_2 驱提高气藏采收率及埋存实验[J]. 油气藏评价与开发, (5): 34-40.

唐振鹏, 刘国新, 2004. 基于期权博弈理论的企业产品创新投资策略研究[J]. 武汉理工大学学报: 信息与管理工程版, 26(1): 109-112.

汪培庄, 1983. 模糊集合论及其应用[M]. 上海: 上海科学技术出版社.

王喜平, 杜蕾, 2015. 基于实物期权的燃煤电站 CCS 投资决策研究[J]. 中国电力, 48(7): 101-107.

王喜平, 杜蕾, 赵树军, 等, 2016. 基于复合实物期权的燃煤电厂碳捕获与储存投资决策研究[J]. 中国电力, 49(7): 179-184.

王玉瑛, 侯立波, 2016. 二氧化碳资源化利用及市场分析[J]. 化学工业, 34(4): 41-44.

吴江华, 2008. 不确定条件下实物期权投资[D]. 北京: 北京邮电大学.

吴倩, 2014. 不确定性条件下的区域碳捕集与封存系统优化研究[D]. 北京: 华北电力大学.

熊信银, 2004. 发电厂电气部分[M]. 3 版. 北京: 中国电力出版社.

尹祥, 陈文颖, 2012. 基于学习曲线的 CO_2 捕集和可再生能源发电成本[J]. 清华大学学报:自然科学版,52(2):243-248.

游达明, 廖奇音, 2005. 基于期权博弈理论的企业技术创新决策[J]. 湖南医科大学学报: 社会科学版, (3): 11-13.

于强, 2010. CO_2 捕集与封存(CCS)技术现状与发展展望[J]. 能源与环境, (1): 66-67, 81.

张建, 2014. CCUS, 低碳发展的必然选择[J]. 中国石油企业, (5): 75-77.

张维, 安瑛晖, 2001. 项目投资的期权分析方法[J]. 西北农林科技大学学报: 社会科学版, 1(3): 5-9.

张新华, 陈敏, 叶泽, 2016. 考虑碳价下限的发电商 CCS 投资策略与政策分析[J]. 管理工程学报, 30(2): 160-165.

张彦, 1990. 系统自组织概论[M]. 南京: 南京大学出版社.

赵青, 李玉星, 2013. CCUS 技术在中国管道输送的发展趋势[C]. 廊坊: 2013 中国国际管道会议暨中国管道与储罐腐蚀与防护学术交流会.

中国 21 世纪议程管理中心, 2012. 碳捕集、利用与封存(CCUS)技术进展报告[M]. 北京: 科学出版社.

钟庆, 吴捷, 黄武忠, 等, 2002. 动态规划在电力建设项目投资决策中的应用[J]. 电网技术, 26(8): 49-51.

周响球, 2008. 燃煤电厂烟气二氧化碳捕获系统的仿真研究[D]. 重庆: 重庆大学.

朱磊, 范英, 2014. 中国燃煤电厂 CCS 改造投资建模和补贴政策评价[J]. 中国人口·资源与环境, 24(7): 99-105.

祝慧娜, 2012. 基于不确定性理论的河流环境风险模型及其预警指标体系[D]. 长沙: 湖南大学.

曾光明, 杨春平, 卓利, 1994. 环境系统灰色理论与方法[M]. 北京: 中国科学技术出版社.

曾鸣, 田廓, 鄢帆, 等, 2010. 电力市场中考虑灵活性措施的发电投资决策分析[J]. 电网技术, 324(11): 151-155.

曾鸣, 张平, 王良, 等, 2015. 不确定条件下基于蒙特卡洛模拟的发电投资评估模型[J]. 电力系统自动化, 39(5): 54-60.

Abadie L M, Chamorro J M, 2008. European CO_2 prices and carbon capture investments [J]. Energy Economics, 30(6): 2992-3015.

Abel A B，Dixit A K，Eberly J，et al.，1996. The value of capital，and investment[J]. Quarterly Journal of Economics，111(3)：753-777.

Andrew H，2018.Delaying commercial scale deployment of CCUS increases risk and the costs of a UK energy transition to low carbon[OL].Technologies Institute. https://www.eti.co.uk/news/delaying-commercial-scale-deployment-of-ccus-increases-risk-and-the-costs-of-a-uk-energy-transition-to-low-carbon?tdsourcetag=s_pcqq_aiomsq.

Arrow K J，1962. The economic implications of learning by doing[J]. The Review of Economic Studies，29(3)：155-173.

Arrow K J，Fisher A C，1974. Environmental preservation uncertainty and irreversibility[J]. Quarterly Journal of Economics，88(2)：312-319.

Avinash D K，Robert P S，1994. Investment under Uncertainty[M]. Princeton：Princeton University Press.

Baier J，Schneider G, Heel A，2018.A cost estimation for $CO2$ reduction and reuse by methanation from cement industry sources in Switzerland[J].Frontiers in Energy Research，6: 1-9.

Black F，Scholes F，1973. The pricing of options and corporate liabilities[J]. Journal of Political Economy，81：637-659.

Blyth W，Bradley R，Bunn D，et al.，2007. Investment risks under uncertain climate change policy[J]. Energy Policy，35(11)：5766-5773.

Chen H，Wang C，Ye M，2016. An uncertainty analysis of subsidy for carbon capture and storage(CCS) retrofitting investment in China's coal power plants using a real-options approach[J]. J Cleaner Prod ，137：200-212.

Cox J C，Ross S A，Rubinstein M，1979. Option pricing：A simplified approach[J]. Journal of Financial Economics，7(3)：229-264.

Cristóbal J，Guillén-Gosálbez G，Kraslawski A，et al.，2013. Stochastic MILP model for optimal timing of investments in CO_2，capture technologies under uncertainty in prices[J]. Energy，54(6)：343-351.

Damen K，Van Troost M，Faaij A，et al.，2006. A comparison of electricity and hydrogen production systems with CO_2 capture and storage. Part A：Review and selection of promising conversion and capture technologies [J]. Progress in Energy and Combustion Science，32：215-246.

Deshpande A，2005. Can fuzzy logic bring complex environmental problems into focus[J]. Environmental Science & Technology，39(2)：42.

Dixit A K，Pindyck R S，1994. Investment Under Uncertainty[M]. Princeton：Princeton University Press.

Draper D，Pereira A，Prado P，et al.，1999. Scenario and parametric uncertainty in GESAMAC：A methodological study in nuclear waste disposal risk assessment[J]. Computer Physics Communications，117(1-2)：142-155.

Du L，2016.Study on carbon capture and storage(CCS) investment decision-making based on real options for China's coal-fired power plants[J].Journal of Cleaner Production，112：4123-4131.

Duan Y,Chen X,Houthooft R,et al.,2016. Benchmarking deep reinforcement learning for continuous control[R].International Conference on Machine Learning:1329-1338.

Eimer D，2005. Post-combustion CO_2 separation technology[J]. Carbon Dioxide Capture for Storage in Deep Geologic Formations，（1）：91-97.

Fan J，Xu M, Wei S J,et al.,2018.Evaluating the effect of a subsidy policy on carbon capture and storage (CCS) investment decision-making in China—A perspective based on the 45Q tax credit[J]. Energy Procedia,154: 22-28.

Fuss S，Szolgayova J，Obersteiner M，et al.，2008. Investment under market and climate policy uncertainty[J]. Applied Energy，85 (8)：708-721.

Garg A，Shukla P R，2009. Coal and energy security for India：Role of carbon dioxide(CO_2) capture and storage(CCS)[J]. Energy，34(8)：1032-104.

Guo J，Xie M M, Ouyang Y L, et al.，2018. Study on the investment incentive mechanism of carbon capture and storage project in low carbon economy[J]. Soft Science,2:55-59.

Hanak D P , Manovic V, 2016. Calcium looping with supercritical CO_2 cycle for decarbonisation of coal-fired power plant[J]. Energy,102: 343-353.

Hasan M F，First E L，Boukouvala F，et al.，2015. A multi-scale framework for CO_2 capture，utilization， and sequestration：CCUS and CCU[J]. Computers & Chemical Engineering，81：2-21.

Heydari A，Ouyang C，2007. Carbon nanotubes for active direct and indirect cooling of electronics device：US 11/726302[P]. 2007-03-21.

Insley M，2003. On the option to invest in pollution control under a regime of tradable emissions allowances [J]. Canadian Journal of Economics，36(4)：860-883.

Johnson T L，2002. Electricity without carbon dioxide：Assessing the role of carbon capture and sequestration in US electric markets[D]. Pittsburgh：Carnegie Mellon University.

Khatib H，2011. IEA world energy outlook 2010—A comment[J]. Energy Policy，39(5)：2507-2511.

Koohestanian E,Sadeghi J,Mohebbi-Kalhori D,et al.,2018. A novel process for CO_2 capture from the flue gases to produce urea and ammonia[J]. Energy, 144:279-285.

Rubin E S ，2005. IPCC special report on carbon dioxide capture and storage[R]. Washington DC: U.S. Climare Change Science Program Workshop.

Smekens K, Zwaan B V D，2006. Atmospheric and geological CO_2 damage costs in energy scenarios[J]. Environmental Science & Policy，9(3)：217-227.

Lambrecht B，Perraudin W，1996. Real options and preemption[J]. Cambrige：William Perraudin.

Li H，Yan J，2009. Impacts of equations of state (EOS) and impurities on the volume calculation of CO_2 mixtures in the applications of CO_2 capture and storage (CCS) processes[J]. Applied Energy，(86)：2760-2770.

Li Q，Liu L C，Chen Z A，et al.，2014. A survey of public perception of CCUS in China[J]. Energy Procedia， 63：7019-7023.

Li S，Zhang X，Gao L，et al.，2012. Learning rates and future cost curves for fossil fuel energy systems with CO_2 capture: Methodology and case studies[J]. Applied Energy，93(5)：348-356.

Li Y，Lukszo Z，Weijnen M，2015. The implications of CO_2 price for China's power sector decarbonization[J]. Applied Energy，146：53-64.

Mackay D M，Roberts P V，Cherry J A，1985. Transport of organic contaminants in groundwater[J]. Environmental Science and Technology，19(5)：384-392.

Masliev I，Somlyody L，1994. Probabilistic methods for uncertainty analysis and parameter estimation for dissolved oxygen models[C]. International Association of Water Quality.

Miracca I，Aasen K I，Brownscombe T，et al.，2005. Oxyfuel combustion for CO_2 capture technology summary [J]. Carbon Dioxide Capture for Storage in Deep Geologic Formations，（1）：441-449.

Myers S C，1977. Determinants of capital borrowing[J]. Journal of Financial Economics，2：147-175.

Myers S C，Majluf N S，1984. Corporate financing and investment decisions when firms have information that investors do not have[J]. Journal of Financial Economics，13(2)：187-221.

Onyebuchi V E ,Kolios A , Hanak D P, et al.,2017. A systematic review of key challenges of CO_2 transport via pipelines[J]. Renewable and Sustainable Energy Reviews,81:2563-2583.

Rathnaweera T D ,Ranjith P G, 2017. Investigation of relative flow characteristics of brine-saturated reservoir formation: A numerical study of the Hawkesbury formation[J]. Journal of Natural Gas Science and Engineering,45:609-624.

Rubin E S，Yeh S, Antes M，et al. ，2007. Use of experience curves to estimate the future cost of power plants with CO_2 capture [J]. International Journal of Greenhouse Gas Control，1(2)：188-197.

Sakawa M，Yano H，1990. An interactive fuzzy satisficing method for generalized multi-objective linear programming problems with fuzzy parameters[J]. Fuzzy Sets and Systems，35：125-142.

Seevam P N，Downie M J，Hopkins P，2008. Transporting the next generation of CO_2 for carbon capture and storage：The impact of impurities on supercritical CO_2 pipelines[C]//Proceedings of the IPCC 2008 7th international pipeline conference. Calgary，Alberta，Canada.

Smekens K，Van Der Zwaan B，2006. Atmospheric and geological CO_2 damage costs in energy scenarios[J]. Environmental Science & Policy，(9)：217-227.

Smets F R，1991. Exporting versus FDI：The effect of uncertainty[N]. Yale University Working Paper.

Smit T J，Ankum L A，1993. A real options and game-theoretic approach to corporate investment strategy under competition[J]. Financial Management，22(3)：241-250.

Song C,Wu L,Xie Y,et al.,2017. Air pollution in China: Status and spatiotemporal variations[J]. Environmental pollution,227:334-347.

Sun L，Chen W，2015. Study on DSS for CCUS source-sink matching[J]. Energy Procedia，75：2311-2316 .

Tangena G，Lindeberga E，Nøttvedtb A，et al,. 2014. Large-scale storage of CO_2 on the norwegian shelf enabling CCS readiness in Europe[J]. Energy Procedia，(51)：326-333.

Tobin J，1969. A general equilibrium approach to monetary theory[J]. Journal of Money Credit & Banking，1(1)：15-29.

Upstill G，Hall P，2018. Estimating the learning rate of a technology with multiple variants: The case of carbon storage[J]. Energy Policy，121：498-505.

Wang X，Qie S，2018. When to invest in carbon capture and storage:A perspective of supply chain[J].Computers & Industrial Engineering，123(SEP.):26-32.

Wright T P，1936. Factors affecting the cost of air-planes[J]. Journal of Aeronautical Sciences，3(4)：122-128.

Xia J，Zhang X W，1993. Grey nonlinear programming in river water quality[J]. Journal of Hydrology，12：12-19.

Yao X，Zhong P，Zhang X，et al.，2018. Business model design for the carbon capture utilization and storage(CCUS) project in China[J]. Energy Policy,121:519-533.

Zanganeh K E，Shafeen A，2007. A novel process integration，optimization and design approach for large-cale implementation of Oxy-ired coal power plants with CO_2 capture[J]. International Journal of Greenhouse Gas Control，(1)：47-54.

Zevenhoven R，Slotte M，Abacka J，et al.，2016.A comparison of CO2 mineral sequestration processes involving a dry or wet carbonation step[J]. Energy，117：604-611.

Zhang X，Wang X，Chen J et al.，2014. A novel modeling based real option approach for CCS investment evaluation under multiple uncertainties[J]. Applied Energy，113(1)：1059-1067.

Zhou W，Zhu B，Fuss S et al.，2010. Uncertainty modeling of CCS investment strategy in China's power sector[J]. Applied Energy，87(7)：2392-2400.

Zhu L，Fan Y，2011. A real options‐based CCS investment evaluation model：Case study of China's power generation sector[J]. Applied Energy，88(12)：4320-4333.

Zhu L，Fan Y，2013. Modelling the investment in carbon capture retrofits of pulverized coal-fired plants[J]. Energy,57:66-75.